遗传学实验教程

YICHUANXUE SHIYAN JIAOCHENG

○ 彭正松　刘小强　主编 ○

西南师范大学出版社

图书在版编目(CIP)数据

遗传学实验教程/彭正松,刘小强主编.—重庆：
西南师范大学出版社,2012.6
　　ISBN 978-7-5621-5812-7

　　Ⅰ.①遗… Ⅱ.①彭… ②刘… Ⅲ.①遗传学—实验—高等学校—教材 Ⅳ.①Q3-33

中国版本图书馆 CIP 数据核字(2012)第 121026 号

遗传学实验教程
彭正松　刘小强　主编

| 责任编辑：杜珍辉
| 封面设计：戴永曦
| 照　　排：文明清
| 出版发行：西南师范大学出版社
|　　　　　重庆•北碚　邮编：400715
|　　　　　网址：www.xscbs.com
| 印 刷 者：重庆紫石东南印务有限公司
| 幅面尺寸：185mm×260mm
| 印　　张：11.75
| 字　　数：280千字
| 版　　次：2012年9月　第1版
| 印　　次：2020年12月　第7次印刷
| 书　　号：ISBN 978-7-5621-5812-7
| 定　　价：30.00元

编委会 / BIAN WEI HUI

主　编：彭正松　刘小强

副主编：魏淑红　唐正义　葛方兰

参　委（按姓氏拼音排序）

葛方兰　四川师范大学

龚慧明　重庆师范大学

姜立春　绵阳师范学院

刘小强　西南大学

彭正松　西华师范大学

唐正义　内江师范学院

魏淑红　西华师范大学

闫秋洁　绵阳师范学院

杨随庄　西南科技大学

杨在君　西华师范大学

赵丽华　西昌学院

前　言

1900年重新发现孟德尔规律，标志着遗传学的诞生。回顾100多年的发展历史，遗传学经历了从简单到复杂、从宏观到微观的发展历程。19世纪末美国细胞学家萨顿和德国实验胚胎学家博韦里根据对减数分裂的观察结果提出了遗传的染色体学说，推动了20世纪细胞遗传学的繁荣。20世纪中叶，美国分子遗传学家沃森和英国分子生物学家克里克提出了DNA分子结构的双螺旋模型，开创了研究遗传物质结构与功能的分子遗传学新时代。进入21世纪以来，线虫、果蝇、水稻等动植物和人类基因组测序的完成以及基因功能解析工作的开展，日益凸显出遗传学在生命科学中的核心和前沿地位。而遗传学不断发展的重要基础，就是大量设计周密的遗传学实验。同样，在遗传学教学中，实验教学是非常重要的环节。遗传学实验可以帮助学生更加深刻地理解和灵活掌握抽象的遗传学概念和原理，进一步培养学生的科学思维及探索生命科学的兴趣。为此，我们结合多年来的实验教学改革经验，组织从事遗传学一线教学科研工作的教师编写了这本《遗传学实验教程》。

本教程将动物、植物、微生物、人类遗传学的实验内容进行了整合，内容涵盖经典遗传学、细胞遗传学、微生物遗传学和分子遗传学领域，压缩了简单验证性实验，增加了综合性和设计创新性实验。基础性实验主要培养学生遗传学研究的基本方法和基本技能。综合性实验的目标是综合运用已掌握的基本原理和技术，研究和探索遗传学基本问题，培养学生解决问题的系统思维能力和综合分析问题的能力。设计创新性实验主要针对遗传学发展的一些先进理论和先进实验技术，由学生自行设计实验方案并实施实验，旨在培养学生的独立研究能力和创新精神。

西华师范大学彭正松教授对该书实验内容的确定、实验项目的编写等做了整体规划设计,并对全文进行了统稿、修改与审定。西南科技大学杨随庄研究员编写实验一、三十三。四川师范大学葛方兰副教授负责大纲修订,并编写实验二、四、二十五。西华师范大学生命科学学院魏淑红副教授负责大纲修订、协助统稿、修改、样稿等,并编写实验三、十二、十八、二十三、二十六、三十、三十二以及附录。绵阳师范学院闫秋洁老师编写实验五、八、九。内江师范学院唐正义教授负责大纲修订,并编写实验六、十一、十七、二十二、三十四。西南大学刘小强副教授负责大纲修订,并编写实验七、二十四、二十七、二十九、三十五、三十九。西华师范大学杨在君博士编写实验十、十九、二十八。西昌学院赵丽华老师编写实验十三、三十一、三十六。绵阳师范学院姜立春博士编写实验十四、十五、三十八。重庆师范大学龚慧明老师编写实验十六、二十、二十一、三十七。

由于编撰人员水平有限,书中难免存在某些疏漏和不足,敬请有关专家和广大读者提出宝贵意见与建议。

编者

2012 年 3 月 28 日

目　录

第一部分　基础性实验 · 001

- 实验一　植物细胞有丝分裂及染色体行为的观察 · 003
- 实验二　减数分裂过程中染色体行为的观察 · 006
- 实验三　人体 X 染色质的制备与观察 · 010
- 实验四　果蝇的饲养、果蝇的形态和生活史观察 · 013
- 实验五　果蝇唾腺染色体的制备和观察 · 017
- 实验六　动植物染色体畸变检测技术 · 021
- 实验七　大肠杆菌紫外诱变与营养缺陷型的筛选 · 025
- 实验八　粗糙链孢霉杂交结果观察——四分子分析 · 029
- 实验九　植物的有性杂交 · 034
- 实验十　小麦数量性状统计与遗传力的估算 · 039
- 实验十一　多基因遗传的人类皮肤纹理分析 · 043
- 实验十二　遗传平衡定律（Hardy-Weinberg 定律）分析 · 047
- 实验十三　DNA 的提取及检测 · 049
- 实验十四　质粒 DNA 的提取及检测 · 053
- 实验十五　总 RNA 的提取及反转录 PCR（RT-PCR） · 056

第二部分　综合性实验 · 061

- 实验十六　果蝇杂交实验与遗传分析 · 063
- 实验十七　植物染色体核型分析 · 068
- 实验十八　人类染色体的识别及核型分析 · 071
- 实验十九　荧光原位杂交实验 · 074
- 实验二十　小鼠骨髓细胞染色体的制备和观察 · 077
- 实验二十一　小鼠骨髓细胞染色体的分带技术 · 080
- 实验二十二　植物多倍体细胞的诱发及鉴定 · 083
- 实验二十三　环境对果蝇基因表达的效应 · 087

实验二十四　大肠杆菌基因的互补测验 …………………………………… 089
　　实验二十五　大肠杆菌杂交与基因定位 …………………………………… 092
　　实验二十六　P_1 噬菌体介导的普遍性转导 ……………………………… 096
　　实验二十七　大肠杆菌 λ 噬菌体的局限性转导分析 ……………………… 100
　　实验二十八　蛋白质 SDS-聚丙烯酰胺凝胶电泳 …………………………… 103
　　实验二十九　PCR 方法鉴定人类性别 ……………………………………… 106
　　实验三十　　随机扩增多态性 DNA 分析 …………………………………… 110
　　实验三十一　目的基因片段回收与纯化 …………………………………… 114
　　实验三十二　DNA 的聚丙烯酰胺凝胶电泳及其目的片段的回收 ………… 117
　　实验三十三　重组质粒的构建、转化和筛选 ……………………………… 120

第三部分　设计性实验 …………………………………………………………… 123

　　实验三十四　人类正常遗传性状的调查 …………………………………… 125
　　实验三十五　植物基因的连锁交换和基因定位 …………………………… 130
　　实验三十六　植物群体遗传多样性的分子检测 …………………………… 133
　　实验三十七　mRNA 差异显示技术分离差异表达基因 …………………… 139
　　实验三十八　目的基因的原核表达及检测 ………………………………… 142
　　实验三十九　植物转基因实验 ……………………………………………… 146

附录Ⅰ　　常用试剂的配制 ……………………………………………………… 153
附录Ⅱ　　遗传学实验室常用溶液配制 ………………………………………… 154
附录Ⅲ　　常用缓冲液的配制 …………………………………………………… 158
附录Ⅳ　　常用培养基配制 ……………………………………………………… 164
附录Ⅴ　　分子遗传学实验常用试剂的配制 …………………………………… 168
附录Ⅵ　　核酸电泳常用试剂及缓冲液 ………………………………………… 172
附录Ⅶ　　蛋白质电泳相关试剂及缓冲液 ……………………………………… 174
附录Ⅷ　　FISH 相关溶液的配制 ………………………………………………… 175
附录Ⅸ　　探针的生物素标记 …………………………………………………… 176
附录Ⅹ　　卡方分布临界值表 …………………………………………………… 177

主要参考文献 ……………………………………………………………………… 179

第一部分

基础性实验

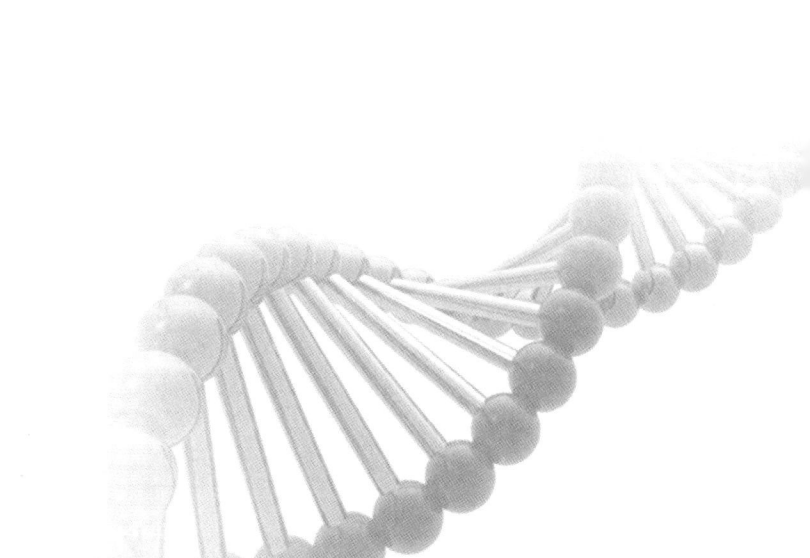

实验一 植物细胞有丝分裂及染色体行为的观察

一、实验目的

1. 学习并掌握植物细胞有丝分裂制片技术。
2. 观察植物细胞有丝分裂过程中染色体的形态特征及染色体的行为动态变化。

二、实验原理

有丝分裂(也称间接分裂或核分裂)是植物细胞进行分裂的基本方式,其目的是增加细胞的数量,并通过细胞分化以实现组织发生和个体发育。在有丝分裂过程中,细胞核内的遗传物质(脱氧核糖核酸,DNA)能准确地进行复制,然后有规律地均匀地分配到两个子细胞中去,使子细胞有与母细胞保持完全一致的遗传物质。有丝分裂是一个连续过程,可分为分裂间期和分裂期,分裂期又可分为前期、中期、后期和末期。植物细胞有丝分裂主要在根尖、茎间、芽的生长点、幼叶叶缘及茎间形成层等分生组织进行,将生长旺盛的植物分生组织经过取材、固定、解离、染色、压片等处理,就可以观察到植物细胞的有丝分裂现象。由于植物根尖易于取材、操作方便,经常被用来进行植物细胞有丝分裂过程的观察。

三、实验材料、器具及试剂

1. 材料

蚕豆($Vicia\ faba$,$2n=12$)。

2. 器具

恒温培养箱、镊子、直头剪刀、单面刀片、培养皿、水浴锅、光学显微镜、载玻片、盖玻片、烧杯、量筒、滤纸等。

3. 试剂

卡诺氏固定液(95%乙醇:冰乙酸=3:1)、改良品红、1mol/L盐酸、95%乙醇、冰乙酸。

四、实验方法

1. 生根

选取饱满、成熟、完好的蚕豆种子,用温水浸泡 24h,然后转入铺有双层滤纸或纱布的培养皿中,上面盖双层湿纱布,置于 25℃ 培养箱中暗培养,每天用清水冲洗 1~2 次。

2. 取材

当根长到 2cm 左右时,最好于当日上午 9~11 时或下午 15~17 时剪下距根尖 0.5cm 的部分备用。

3. 固定

将剪下的根放入卡诺氏固定液中固定 3~20h(固定后的材料可转入 70% 酒精中,在 4℃ 冰箱中冷藏 4~6 个月)。

4. 解离

将固定后的材料用蒸馏水漂洗 2~3 次,然后置于滤纸上吸去表面水分,再将这些材料放入已经在 60℃ 水浴中预热的加有 1mol/L 盐酸溶液的小烧杯中,在 60℃ 恒温下解离 8min 左右,倒掉盐酸溶液,用蒸馏水漂洗 3~4 次。

5. 染色与压片

用镊子取上述根尖置于载玻片中央,用单面刀片切掉根冠,切取根尖分生组织,移去其他组织,加一滴改良品红染液,5min 后盖上盖玻片,将滤纸放在盖玻片上,用拇指用力按压盖玻片,再用手固定住盖玻片,同时用铅笔的橡皮头在材料部位垂直轻敲几下,使材料分散均匀。

6. 镜检

将压好的片子先放在低倍镜下观察,寻找分裂时期典型的细胞分裂相,然后,再转换成高倍镜观察,注意观察细胞间期和细胞分裂期各个时期核内染色体的结构特点,选择典型的细胞分裂相绘图或拍照。

7. 永久制片的制作

将制作好的片子放在冻片机上或液氮容器中,将片子冻透,然后迅速用单面刀片将盖片揭开,在空气中干燥后用二甲苯透明,再用中性树胶或加拿大树胶封片。

五、实验结果与分析

有丝分裂包括分裂间期和分裂期,分裂期又分为前期、中期、后期和末期四个时期,见图 1-1。

1. 间期:细胞核内染色质分布均匀,核形态明显,核内可见 1~2 个染色很深的核仁。
2. 前期:核膨大,核膜破裂,核仁逐渐消失,核内染色质浓缩成纤细的染色丝,并逐渐缩短变粗,形成染色体。
3. 中期:染色体排列在细胞中央平面上(赤道部)形成赤道板,染色体已纵裂成两条染色单体,但依然由一个着丝粒相连。
4. 后期:着丝粒纵裂,染色体分为数量相等的两群,在纺锤丝的牵引下移向两极。

5. 末期：移到两极的染色体解旋、伸长变细成为染色丝，最后形成染色质。核膜、核仁重新出现。细胞中央赤道部形成细胞板，进而形成细胞壁，最终成为两个子细胞。

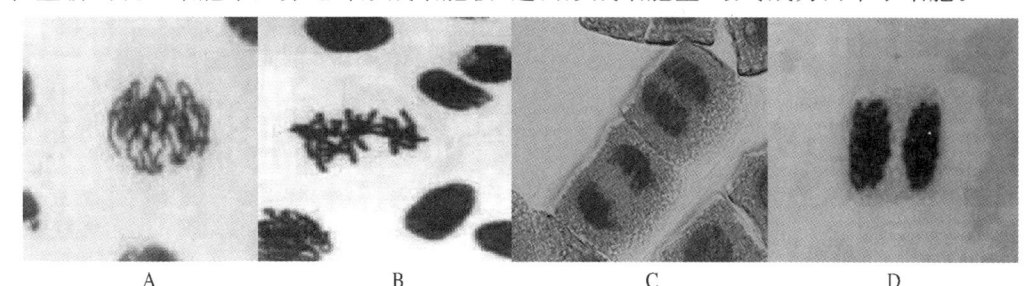

图 1-1 蚕豆根尖细胞有丝分裂各时期
A. 前期　B. 中期　C. 后期　D. 末期

六、实验作业

1. 有丝分裂制片一张。
2. 绘出所观察到的有丝分裂各个时期的分裂图像，完成实验报告。

思考题

1. 简述细胞有丝分裂的生物学意义。
2. 染色体染色的方法有多种，请你列举 2～3 例，并简述各自的特点。
3. 你在高倍镜下观察到的所有细胞中，处于什么时期的细胞数量最多？为什么？

【注意事项】

1. 解离的时间要根据材料来确定，解离时要注意观察，如果解离时间过长，分生组织会与伸长区脱离，这时分生区已经被解离过软，很难操作，而且染色效果不好。
2. 冻片子时至冻透为止，切不可时间过长，否则细胞会冻裂。封片时要注意胶量不宜过多，塑胶既能达到盖玻片的边缘又没有多余是最适量的。

实验二　减数分裂过程中染色体行为的观察

一、实验目的

1. 通过观察动植物细胞减数分裂过程中染色体行为的动态变化,了解细胞减数分裂的过程,以及动物生殖细胞的形成过程。
2. 掌握制备动植物细胞减数分裂玻片标本的技术和方法。

二、实验原理

减数分裂是进行有性生殖的生物形成配子的过程中出现的一种特殊分裂方式,也叫成熟分裂。其特点是染色体复制一次,连续进行两次细胞分裂,最后形成 4 个子细胞,每个子细胞中的染色体数目是母细胞的一半。在细胞分裂过程中发生了同源染色体的配对、同源染色体非姐妹染色单体的互换、同源染色体的分离、非同源染色体的自由组合等。

减数分裂在遗传上具有重要的意义。首先,保证了有性生殖生物个体世代之间染色体数目的稳定性。通过减数分裂导致了性细胞(配子)的染色体数目减半,即由体细胞的 $2n$ 条染色体变为 n 条染色体的雌雄配子,再经过两性配子结合,合子的染色体数目又重新恢复到亲本的 $2n$ 水平,使有性生殖的后代始终保持亲本固有的染色体数目,保证了遗传物质的相对稳定。其次,为有性生殖过程中创造变异提供了物质基础。通过非同源染色体的随机组合,各对非同源染色体之间以自由组合进入配子,形成的配子可产生多种多样的遗传组合,雌雄配子结合后就可出现多种多样的变异个体,使物种得以繁衍和进化,为人工选择提供丰富的材料。通过非姐妹染色单体片段的交换,在减数分裂的粗线期,由于非姐妹染色单体上对应片段可能发生交换,使同源染色体上的遗传物质发生重组,形成不同于亲代的遗传变异。

三、实验材料、器具及试剂

1. 材料

大葱(*Allium fistulosum* $2n=16$)雄花序、雄性蝗虫(*Oxya chinensis* $2n=23,22+X$)。

2. 器具

镊子、解剖针、载玻片、盖玻片、培养皿、染色板、吸水纸、显微镜。

3. 试剂

改良苯酚品红、醋酸洋红、Carnoy 固定液。

四、实验方法

(一)植物细胞减数分裂行为的观察

1. 取材:选取处于减数分裂期的葱花,剪下花序。
2. 固定:用卡诺氏固定液固定12~24h,之后用95%酒精冲洗,再转入70%酒精中,可于4℃冰箱保存。
3. 制片:用镊子小心拨开花药壁,挤出花粉母细胞,涂于载玻片上,用镊子或解剖针轻轻捣击,使分散。用改良苯酚品红染色3~5min,盖上盖玻片。
4. 镜检:用低倍镜找到分裂期细胞,再转用高倍镜仔细观察。

(二)蝗虫精巢细胞减数分裂行为的观察

1. 取材和固定

蝗虫雌性个体大、腹部末端为产卵瓣,雄性个体小,腹部末端为下生殖板,其后呈圆锥形向上弯曲,从外部容易区别。将捕捉或购回的雄性蝗虫,放入Carnoy固定液中固定24h,再将固定好的材料放入70%酒精中,溶液保存于4℃冰箱中。

2. 染色

在蝗虫翅基部后方(腹部两侧的前端),用解剖剪将其体壁剪开,可见在上方两侧各有一块黄色的团块,这便是蝗虫的精巢。它由许多精细小管组成。取1~2条精细小管置于载玻片上,滴一滴醋酸洋红,染色15min。

3. 压片

把盖玻片一端浸入染液,倾斜45°轻轻放下盖玻片,盖在精细小管上。在盖玻片上盖2层吸水纸,吸取多余染液,再用左手拇指和食指卡住盖玻片,防止盖玻片移动,然后用右手大拇指压盖玻片,再用解剖针另一端轻敲盖玻片,使材料均匀分开,呈薄雾状即可。

4. 镜检

先在低倍镜下找到目标,再转换高倍镜观察。

五、实验结果与分析

细胞的减数分裂包括减数第一次分裂(减数分裂Ⅰ)和减数第二次分裂(减数分裂Ⅱ)。

1. 减数分裂Ⅰ

(1)前期Ⅰ

细线期:染色体很细很长,呈细线状在核内交织成网。每一染色体含两个染色单体,但显微镜下看不到双线结构,染色体呈丝状结构。

偶线期:染色体的形态与细线期差别不大,同源染色体配对,形成二价体,每个二价体有两个着丝点,染色丝比细线期粗。

粗线期:染色体螺旋化,进一步缩短变粗,显微镜下可明显看到每个染色体的两个姐妹染色单体。二价体由四个姐妹染色单体和两个着丝粒组成,这时非姐妹染色单体间可能有交换的发生。

双线期：染色体进一步螺旋化，变得更为粗短，更为清晰可见，二价体中的两条同源染色体相互分开出现交叉现象，呈"X"、"V"、"∞"、"O"等形状。

终变期：染色体高度浓缩，染色体均匀分散在核膜附近。此时是检查染色体数的最好时期，这时核内有多少个二价体，就说明有多少对同源染色体。

核仁和核膜在前期 I 始终存在，在终变期时核仁、核膜开始消失。

(2) 中期 I：核仁、核膜消失，二价体均匀排列在赤道板上，纺锤体形成，从纺锤体的侧面看，一个个二价体就像一列横队排列在细胞中，从纺锤体的极面看，一个个二价体分散在细胞质中。这时也是染色体计数的好时期。

(3) 后期 I：二价体的两个同源染色体分开，由纺锤丝拉向两极。染色体又变成了染色丝状。

(4) 末期 I：同源染色体分别到达细胞两极，染色体变成了染色质状，核膜、核仁重新出现，形成两个子核，每个子核染色体数目减半为 n。同时细胞质分开形成两个子细胞，叫二分体。

2. 减数分裂 II

(1) 前期 II：染色体呈线状，每条染色体具两个姐妹染色单体，共用一个着丝粒，二者间有明显互斥作用（分开趋势）。前期 II 快结束时核膜消失。

(2) 中期 II：染色体排列在赤道板上，每条染色体有两个染色单体和一个着丝粒。

(3) 后期 II：每条染色体从着丝粒处分裂为二，分别向两极移动。

(4) 末期 II：移到两极的染色体解螺旋，出现核仁、核膜，形成单倍的子核，这时减数分裂 I 形成的两个单倍核形成四个单倍核，最后形成四个子细胞，叫四分体。

理想的细胞减数分裂玻片标本在显微镜下可观察到减数分裂各个时期的典型细胞。如图 2-1、图 2-2 所示。

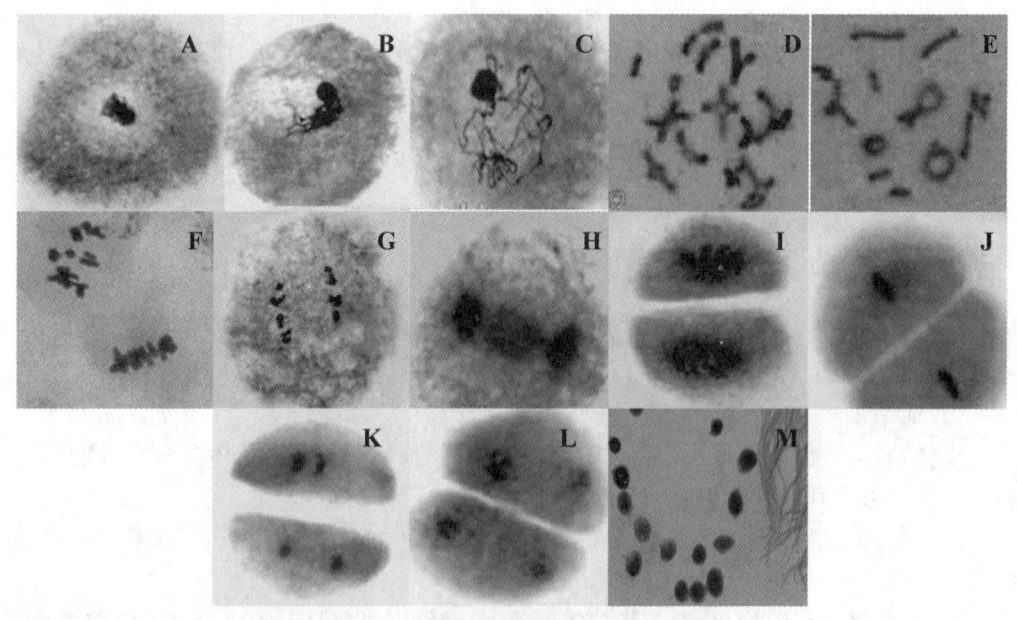

图 2-1 蝗虫精巢细胞减数分裂各时期
A. 细线期　B. 偶线期　C. 粗线期　D. 双线期　E. 终变期　F. 中期 I
G. 后期 I　H. 末期 I　I. 前期 II　J. 中期 II　K. 后期 II　L. 末期 II　M. 精子

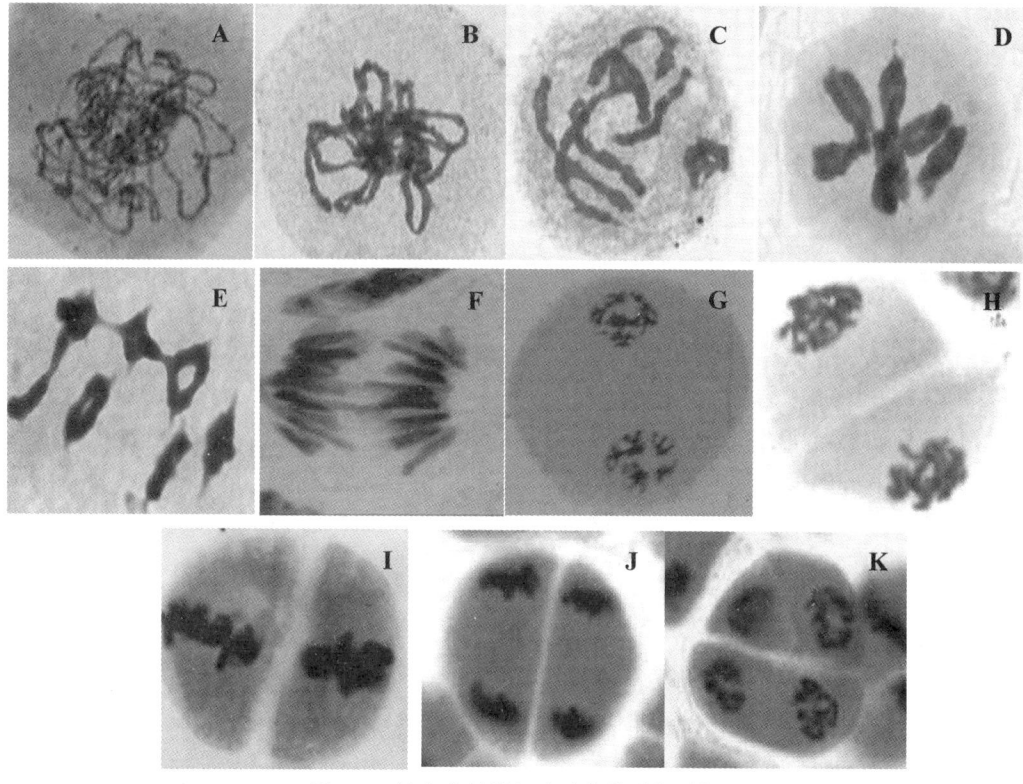

图 2-2　植物花粉母细胞减数分裂各时期
A.偶线期　B.粗线期　C.双线期　D.终变期　E.中期Ⅰ　F.后期Ⅰ
G.早末期Ⅰ　H.前期Ⅱ　I.中期Ⅱ　J.后期Ⅱ　K.末期Ⅱ

六、实验作业

1. 减数分裂制片一张。
2. 绘出观察到的减数分裂各时期分裂图像,完成实验报告。

思考题

1. 你观察到的细胞哪种分裂相的比例最多,为什么?
2. 为什么减数分裂中期Ⅰ分裂相很容易进行染色体计数?

【注意事项】

1. 大葱雄花序不同部位的花药发育程度不同,因此,尽可能选取不同部位的花药制片才能观察到不同时期的减数分裂图像。
2. 取材时精细小管不能太多,应选取较粗、分裂旺盛的。
3. 敲片时不要移动盖玻片,以免细胞被搓碎,影响观察。
4. 敲片时注意力度不要太大,以免使盖玻片破裂。

实验三　人体 X 染色质的制备与观察

一、实验目的

1. 掌握观察与鉴别 X 染色质的简易方法，识别其形态特征及所在部位，为进一步研究人体染色体的畸变与疾病提供参考。
2. 了解 X 染色体失活的有关理论假说以及失活染色体上的基因所控制的遗传性状的特点。

二、实验原理

1949 年，加拿大学者 Barr 等人在雌性猫的神经元细胞核中首次发现一种染色较深的浓缩小体，而在雄性猫中几乎检测不到。进一步研究发现，在有袋类、偶蹄类、翼手类、食肉类和灵长类动物的多种组织的细胞中都存在这种二态性（dimorphism）特点，而且不仅是神经元细胞，在其他细胞的间期核中也可以见到这一结构。正常雌性哺乳个体的两条 X 染色体中，仅有一条呈松散状态，参加细胞生理活动，另一条则保持异固缩状态，即 X 染色质，又称为 X 小体、巴氏小体（Barr 小体）。Morishima 等利用放射性标记的方法证实了失活状态的性染色体与其他异染色质（heterochromatin）一样，在 DNA 复制时总落后于其他常染色质，且大多出现在核膜边缘。在人类中，正常男性个体出现 Barr 小体的比例约为 1‰，正常女性的细胞只可能出现一个 Barr 小体，比例为 17%～39%。Barr 小体出现的数目等于细胞内 X 染色体的数目减 1。正常女性有两条 X 染色体，因此只有一个 X 染色质；若有三条 X 染色体，就会有两个 X 染色质，依此类推。正常男性只有一条 X 染色体，所以没有 X 染色质。见表 3-1。

表 3-1　性染色体组成与巴氏小体数目的关系

性状表现	性染色体组成	性别表现	巴氏小体的数目
正常	XY	男	0
正常	XX	女	1
特纳氏（Turner's）综合征患者	XO	女	0
克氏（Klinefelter's）综合征患者	XXY	男	1

为什么正常男女之间的 X 染色质存在差异？女性两条 X 染色体上的每个基因座的两个等位基因所形成的产物，为什么不比只有一条 X 染色体半合子男性的相应基因产物多？为什么某一 X 连锁的突变基因纯合子女性的病情并不比半合子的男性严重？1961

年，英国学者莱昂(Mary Lyon)提出了 X 染色体失活的假说。其内容主要是：(1)雌性哺乳动物体细胞内仅有一条 X 染色体是有活性的。另一条 X 染色体在遗传上是失活的，在间期细胞核中螺旋化而异固缩为 X 染色质。(2)X 染色体的失活是随机的。异固缩的 X 染色体可以来自父方或来自母方。但是，一旦某一特定的细胞内的一个 X 染色体失活，那么此细胞增殖的所有子代细胞也总是这一个 X 染色体失活，即原来是父源的 X 染色体失活，则其子女细胞中失活的 X 染色体也是父源的。(3)X 染色体失活发生在胚胎早期，大约在妊娠的第 16 天，在此以前的所有细胞中的 X 染色体都是有活性的。

由于雌性细胞中的两条 X 染色体中的一条发生异固缩(也称为 Lyon 化现象)，失去活性，这样保证了雌雄两性细胞中都只有一条 X 染色体保持转录活性，使两性 X 连锁基因产物的量保持在相同水平上。这种效应称为 X 染色体的剂量补偿。

但是，并非失活的 X 染色体上的基因都失去了活性，有一部分基因仍保持一定活性，因此 X 染色体数目异常的个体在表型上有别于正常个体，出现多种异常的临床症状。

利用 X 染色质的鉴别技术，可以对性染色体畸形、胎儿早期诊断等提供有益的参考。

三、实验材料、器具及试剂

1. 材料：口腔黏膜细胞、发根细胞。
2. 器具：显微镜、载玻片、盖玻片、牙签、吸水纸、离心机、吸管。
3. 试剂：甲醇冰醋酸固定液(3∶1)、2%甲苯胺蓝染色液、生理盐水等。

2%甲苯胺蓝染色液的配制：称取甲苯胺蓝 0.2g，先用少量的丙酮溶液使之溶解，然后再加入双蒸水至 100mL 即可。

四、实验方法

1. 取材

①口腔粘膜细胞：受检者先漱口 2~3 次，将口腔内杂物漱出。然后用牙签的钝面刮取口腔颊部黏膜细胞。第一次的刮取物弃去，第二次、第三次的刮取物涂在干净的载玻片上或将刮取物装入盛有生理盐水的离心管内。

②发根细胞：拔取带毛囊头发一段(约 2cm 长)，置于载玻片上。

2. 固定

收集在离心管内的口腔黏膜细胞，1000r/min 离心 10min，以收集细胞。轻轻弃去上清液，留下的沉淀物用固定液固定 10min。之后 1000r/min 离心 10min，小心去掉上清液，加入适量的新配制的固定液，用吸管吹打成细胞悬液。

置于载玻片上的口腔粘膜细胞或发根细胞待干后滴加固定液，固定约 1h，放空气中干燥。

3. 滴片

用吸管将口腔黏膜细胞悬液滴在载玻片上，在空气中干燥。

4. 酸解

当载玻片上的固定液全部挥发以后，在载玻片上滴加 5mol/L HCl，处理 10min，充分漂洗。

5. 染色

甲苯胺蓝染色液中染色 30min 或改良苯酚品红染色 5min，漂洗后在空气中干燥。

6. 镜检

在低倍镜下观察细胞核着色均匀、核膜完整、细胞不重叠、无核固缩的细胞 80~100 个,在油镜下进一步观察具有巴氏小体的细胞数、巴氏小体的位置、形态等。

五、实验结果与分析

在女性间期细胞核内侧靠近核膜处有约 $1\mu m$ 大小的反光极强的颗粒状亮点,即为巴氏小体,其形态有三角形、卵形、微凸形等(图 3-1)。30%~50% 正常女性口腔黏膜细胞中有一个巴氏小体,男性则低于 1%~2%。材料不同,观察结果可能有不同,且必须和核仁区别开来(核仁往往离核膜较远或接近核中央部位)。

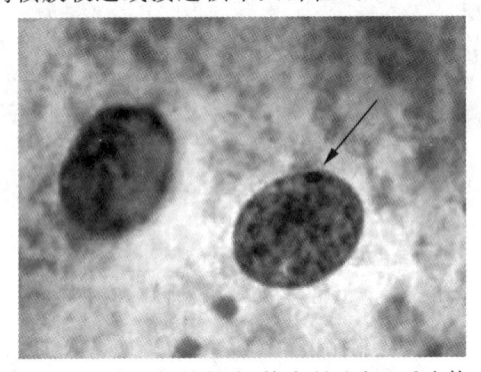

图 3-1　正常女性的细胞(箭头所示为巴氏小体)

六、实验作业

1. 分别观察男女各 50 个典型细胞,计算显示 X 染色质所占百分比。
2. 观察中选绘 4~5 个典型细胞,展示 X 染色质的形态和部位。

思考题

巴氏小体有什么临床意义?

【注意事项】

1. 刮口腔上皮前要漱口。
2. 刮时用灭菌玻璃片的宽边,勿用一角,以免划破口腔。
3. 第一次刮下的脱落细胞用酒精棉球擦去,在原位重复刮一下制片。
4. 盛放酒精棉球的小广口瓶,瓶盖用完及时盖好。
5. 毛囊细胞要充分解离,压片前可先用解剖针敲片,使细胞解离。
6. 涂片略干后再加改良苯酚品红。
7. 染色时间不要太长,否则核质着色深,X 染色质不易区分。
8. 可数细胞的标准:核质染色呈网状或颗粒状;核膜清晰,无缺损;染色适度,周围无杂质。

实验四　果蝇的饲养、果蝇的形态和生活史观察

一、实验目的

1. 了解果蝇生活史,观察果蝇中常见的几种突变型。
2. 掌握果蝇饲养技术。

二、实验原理

果蝇属于昆虫纲,双翅目。它个体小,突变类型多,且多数为外部形态特征的变异,容易观察;染色体数目少($2n=8$),它的唾腺染色体是一种特殊染色体,可用来研究染色体的基因定位;繁殖率高,生活周期短,饲养方便,成本低廉,是遗传学、细胞生物学、分子生物学和发育生物学等研究中最为成熟的模式生物。

果蝇的生活周期长短与温度有密切关系。一般来说,30℃以上温度能使果蝇不育或死亡,低温能使其生活周期延长,生活力下降,饲养果蝇的最适温度为20℃~25℃。见表4-1。

表 4-1　生活周期长短与饲养温度的关系

	10℃	15℃	20℃	25℃
卵→幼虫 幼虫→成虫	57d	18d	8d 6d	5d 4d

三、实验材料、器具及试剂

1. 材料:果蝇。
2. 器具:恒温培养箱、高压灭菌锅、麻醉瓶、培养瓶、放大镜、白瓷板、毛笔。
3. 药品与试剂:玉米粉、蔗糖、酵母(新鲜或干粉)、丙酸、乙醚。

四、实验方法

1. 果蝇的培养和保种

果蝇主要以酵母为食,在成熟发酵的水果,如香蕉、苹果、葡萄等上面果蝇也能正常繁殖。因此,实验室只要提供发酵基质,均可饲养果蝇。目前,常用的果蝇培养基有玉米

培养基、米粉培养基和香蕉培养基(见附录Ⅳ)。

在做新的留种培养时,应事先检查一下果蝇有没有混杂,以防原种丢失。亲本的数目一般每瓶5～10对,移入新瓶时,须将培养瓶横卧,然后用毛笔将麻醉的果蝇从白瓷板上轻轻扫入,待果蝇醒过来时再把培养瓶竖起,以防果蝇粘在培养基上。原种每2～4周换一次培养基(10℃～15℃约4周换一次,20℃～25℃约两周换一次)。每一原种至少保留两套,培养瓶的标签上要写明果蝇主要性状、培养日期等。原种培养温度可控制在10℃～15℃,培养时避免日光直射。

果蝇在适宜条件下会产生子代,在肉眼能看到幼虫时就可把亲本倒掉,几天以后,新的成蝇便产生。待成蝇有了足够保种的数量后,要调换培养瓶,作为下一代的亲本,继续培养。

果蝇原种培养常遇到的麻烦是培养基发霉。发霉的原因很多,如用具没有灭菌、空气污染、亲本不及时倒掉……都会引起培养基发霉。严重的霉菌污染会影响果蝇的生长。培养基中加丙酸可以抑制霉菌,但并不能完全抑制。发现培养瓶中有少量霉点时可用烧过的解剖针挑出。若大量霉菌污染,可把果蝇全部倒在一个消毒过的空指管中,让它活动2～3h,换一支指管,再活动1～2h,而后倒入一支新的培养瓶中继续培养,这样可以防止霉菌污染。

原种保存可能遇到的另一个问题是混杂,几个不同品系的果蝇在一起培养,一定要防止混杂。发现了混杂的原种,要根据原种果蝇的全部特征,挑出数对雌雄蝇饲养,进行筛选直到完全没有分离为止。这样做,费时费力,只有在不得已时才采用。一般混杂时,为了方便,可以重新引种,将混杂种弃去。

2. 果蝇生活史的观察

于培养瓶直接用肉眼或借助放大镜观察。

3. 果蝇麻醉与雌雄鉴别及性状观察

(1)麻醉方法

麻醉果蝇时,先将长有果蝇的培养瓶轻轻敲一下,使果蝇全部震落在培养瓶底部,然后迅速打开培养瓶的棉塞,把果蝇倒入去盖的空培养瓶中,并立即盖好棉塞,往一张滤纸上滴几滴(量的多少依据实验要求而定)乙醚,迅速放入该瓶中,待果蝇全部昏迷后,倒在白瓷板上进行计数、性状观察或雌雄鉴别。

果蝇的麻醉程度看实验要求而定,对仍需培养的果蝇,以轻度麻醉为宜。但对不再培养,只进行性状观察的果蝇可以深度麻醉,甚至致死也无妨(果蝇翅膀外展45°角,说明死亡)。检查完毕后,把不需要的果蝇倒入盛有煤油或酒精的瓶中(死蝇盛留器)。

(2)雌雄鉴别

果蝇的雌雄在幼虫期较难区别,但到了成虫期区别就相当容易。用低倍放大镜,甚至用肉眼根据表4-2就可以进行鉴别。

(3)果蝇性状的观察

实验室选用的果蝇突变性状一般都可用肉眼鉴别,例如红眼与白眼、正常翅与残翅等。还有一些性状可以在解剖镜下鉴别,如卷刚毛与直刚毛等。

五、实验结果与分析

1. 果蝇的生活史

果蝇生活史包括受精卵、幼虫、蛹、成虫四个发育阶段。果蝇在 25℃时，从卵到成蝇需 10d 左右；成虫可活 26~33d。如图 4-1 所示。

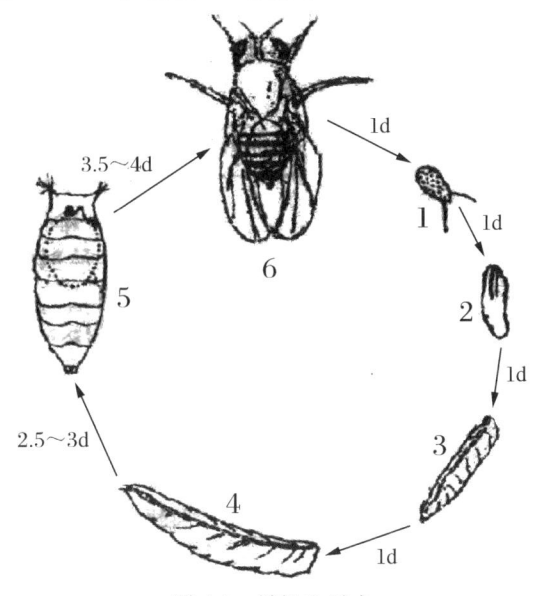

图 4-1 果蝇生活史

1. 卵 2. 一龄幼虫 3. 二龄幼虫 4. 三龄幼虫 5. 蛹 6. 成虫

成虫羽化 1~2d 后进行交配，一般一生仅交配一次，数日后雌虫产卵。成蝇寿命一般 1~2 个月。卵为椭圆形或香蕉状，长约 1mm，乳白色。常数十至数百粒堆积成块。在温度较高时，卵产出后一天即可孵化。幼虫，俗称蛆，圆柱形，前尖后钝，无足无眼，多呈乳白色。幼虫分 3 龄，腹部第 8 节后侧有后气门 1 对，由气门环、气门裂和钮孔组成，是主要的呼吸孔道。后气门形状是幼虫分类的重要依据。蛹为围蛹，即其体外被有成熟幼虫表皮硬化而成的蛹壳，圆筒形，棕褐色至黑色。夏秋季蛹一般 3~6d 羽化。

2. 果蝇雌雄鉴别

雌雄果蝇的主要特征如表 4-2。

表 4-2 雌雄果蝇主要特征

雌果蝇	雄果蝇
个体较大	个体较小
腹部末端较尖	腹部末端较钝
腹部背面有五条黑条纹	腹部背面有三条黑条纹，最后一条极宽，并延伸到腹面
外生殖器较简单，有阴道板和肛上板等结构	外生殖器较复杂，有生殖弧、肛上板、阴茎等结构
腹部腹面有 6 个腹片	腹部腹面有 4 个腹片
无性梳	前腿跗节上有性梳

3.果蝇常见性状观察

果蝇常见突变性状具体见表4-3。

表4-3 果蝇常见突变性状

突变性状	基因符号	染色体号	性状特征
棒眼	B	X-57.0	复眼呈狭窄垂直棒形,小眼数少
褐眼	bw	2-104.5	眼呈褐色
卷曲翅	Cy	2-6.1	翅膀向上卷曲,纯合致死
小翅	m	X-36.1	翅膀小,长度不超过身体
白眼	w	X-1.5	复眼白色
黑檀体	e	3-70.7	身体呈乌木色,黑亮
黑体	b	2-48.5	体黑色,比黑檀体深
黄体	y	X-0.0	全身呈浅橙黄色
残翅	vg	2-67.0	翅明显退化,部分残留,不能飞
叉毛	f	X-56.7	毛和刚毛分叉且弯曲
猩红眼	st	3-44.0	复眼呈明亮猩红色

六、实验作业

完成实验报告。

思考题

1.你如何能准确鉴定果蝇的雌雄个体?要领是什么?

2.如果果蝇在培养过程中被粘在培养基上造成死亡,那么下次配制培养基时如何更正?

实验五　果蝇唾腺染色体的制备和观察

一、实验目的

1. 学习分离果蝇幼虫唾腺的技术和唾腺染色体的制片方法。
2. 观察了解果蝇唾腺染色体的形态学及遗传学特征。
3. 观察和鉴别果蝇染色体结构变异。

二、实验原理

1881年,意大利细胞学家巴尔比尼(Balbiani)在双翅目昆虫摇蚊(chironmus)幼虫的唾腺细胞间期核中发现了一种巨大的染色体,由于其存在于唾腺细胞中,所以又称为唾腺染色体(salivary gland chromosome)。20世纪初,D. Kostoff用压片法在果蝇幼虫的唾液腺细胞核中发现了这种唾液腺染色体。1933年,美国学者贝恩特(Painter)等又在果蝇和其他双翅目昆虫的幼虫唾腺细胞间期核中发现了巨大染色体。此后在昆虫的多种组织如肠、气管、脂肪体细胞和马尔皮基氏管上皮细胞内以及在其他动植物的一些高度特化细胞,如某些原生动物及附子属(Aconitum)植物的反足细胞里也发现了这种巨大染色体。

双翅目昆虫(如摇蚊、果蝇等)的幼虫期都具有很大的唾腺细胞,其中的染色体就是巨大的唾液腺染色体。果蝇唾腺细胞发育到一定的阶段后,停止在分裂间期,唾液腺染色体仍不断地进行自我复制,但细胞、细胞核不分裂。复制后形成的子染色体彼此不分开,且同源染色体处于紧密配对状态,称为"体细胞联会",经过多次复制形成 1000~4000 拷贝的染色体丝,宽约 5μm,长约 400μm,比普通中期相染色体大得多(100~150倍),所以又称为多线染色体(polytene chromosome)或巨大染色体(giant chromosome)。这种染色体不同部位螺旋化程度不同,经染色后,呈现深浅不同,疏密各异的横纹(band)。横纹的数目、位置、宽窄及排列顺序都具有种的特异性。不同物种,不同染色体的不同部位形态和位置是固定的,因此,根据染色体各条臂带纹特征和各条臂端部带纹的特征能准确识别各条染色体(图5-1)。一旦染色体上发生了缺失、重复、倒位、易位等,可较容易地在唾腺染色体上观察识别出来。

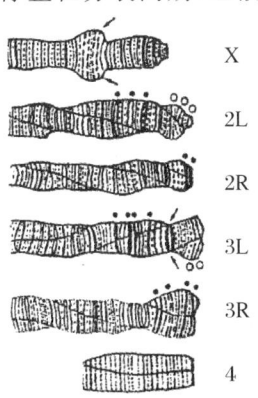

黑腹果蝇(Drosophila melanogaster)唾腺染色体 6 条臂末端的特征。箭头指的是 X 染色体上永久性的蓬突与 3L 上的缢缩;星号是染色较深的带纹;小圆是着色较浅的带纹(引自 Graff,1992)。

图 5-1　唾腺染色体 6 条臂末端的特征

在染色体臂上还可看到某些带纹通过染色体的解旋、膨大形成的疏松区和巴尔比尼环，其富含转录出来的RNA，因此不着色，是基因活动的区域。在个体发育的不同阶段，疏松区或巴尔比尼环在染色体上出现的部位不同，因此可以研究基因的表达，开展各种染色体变异的研究等。

三、实验材料、器具及试剂

1. 材料：黑腹果蝇三龄幼虫。
2. 器具：双筒解剖镜、显微镜、镊子、小烧杯、解剖针、载玻片、盖玻片、滤纸。
3. 试剂：0.9%生理盐水、石炭酸品红（或醋酸洋红、地衣红）染色液。

四、实验方法

1. 三龄幼虫的饲养

黑腹果蝇容易饲养，也易获得唾腺，但为获得理想的染色体制片标本，需要采用生长良好、形体肥大的三龄幼虫，以保证唾腺发育良好。所以饲养条件稍异于一般杂交饲养。

（1）饲料要求松软，含水量较高，营养丰富，发酵良好。可采用下列配方：玉米粉100g、红糖130g、琼脂10g、酵母粉20g、苯甲酸0.75g、丙酸3mL，加蒸馏水1200mL。

（2）在接种出现一龄幼虫后，将成虫移去，在饲料表面滴加低浓度的酵母液（2%～4.5%的水溶液）或鲜酵母，每天滴加1～2滴。2～3龄幼虫期适当增加酵母液浓度（10%左右）。滴加量以覆盖饲料表面一薄层为宜。

（3）饲料营养对幼虫的发育固然重要，但幼虫密度过大亦会影响幼虫发育，故还需控制幼虫密度。要求每平方厘米培养基表面20～40只幼虫，这可通过控制成虫排卵时间来达到。一般情况下，每个半磅牛奶瓶中10对成虫交配后12h左右将成虫转移。

（4）稍低的温度有利于幼虫的充分生长发育，因而可采用15℃～18℃培养。

（5）待三龄幼虫大量爬出培养基时，也可将培养瓶移至3℃～5℃冰箱中进行低温处理，不让其化蛹。这样的幼虫活动慢，易解剖出唾腺。

2. 唾腺染色体制片

（1）观察果蝇结构：检查幼虫培养瓶，取一适龄幼虫，置于载玻片上，并加上一滴生理盐水（如幼虫带有饲料可先用生理盐水将其洗净），置双筒解剖镜下检查。首先熟悉幼虫结构，幼虫具一钝尾和带黑色口器的尖头端。

（2）固定果蝇：每只手各持一个解剖针，在解剖镜下进行操作。一针压住头部，压点尽可能靠头部口器处。因为幼虫会蠕动，这一步需先练习几遍。

（3）剥离腺体：果蝇的唾腺位于幼虫体前1/4～1/3处，幼虫头部固定之后，左手持解剖针按压住虫体后端三分之一的部位，固定幼虫，右手持解剖针扎住幼虫头部口器部位，平稳快速向右一拉，唾腺腺体随之而出。唾腺是一对透明的香蕉状腺体，外有白色的脂肪组织（不透明）（图5-2、图5-3）。

图 5-2　唾腺位置示意图　　　　图 5-3　唾腺腺体形态

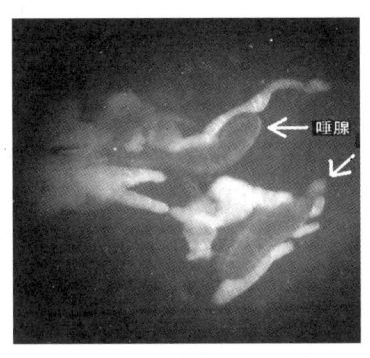

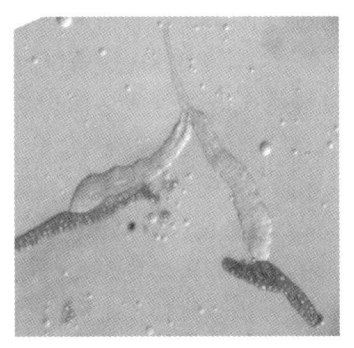

(4) 清洗腺体：分离的腺体可能伴有消化道和脂肪体。在载玻片上再加一滴生理盐水,确定取得了腺体后,再用刀片或镊子仔细剔除这些杂物,仅让腺体留下。或将腺体吸到干净玻片上。

(5) 解离：在唾腺组织上滴一滴 1mol/L HCl,解离 1~2min,以松软组织,利于染色体的分散。

(6) 染色：用滤纸将多余的 HCl 吸去,要边观察边吸湿,不要碰着腺体,以防吸走。然后滴一滴石炭酸品红,染色 10min 左右(或滴加醋酸洋红染液,染色 20min 左右,也可滴加地衣红,染色 20min 左右)。

(7) 压片：染色后,盖上盖玻片,用滤纸轻轻吸去多余染液,然后放在平整的桌面上,用大拇指压下盖玻片,可横向揉几下(注意不要使盖玻片滑动,且只朝一个方向揉动,不要来回揉),多练习几次,可望获得分散良好的制片。

(8) 显微观察：制好的压片即可在显微镜下观察。

良好制片可制成永久制片,步骤如下：置卡诺固定液(酒精体积：冰醋酸体积 = 3∶1)中固定,待盖玻片脱落后,再将有材料的载玻片和盖玻片通过下列顺序：95% 酒精 1min,纯酒精 1min,再经纯酒精 1min,取出载玻片,加一滴优巴拉尔(euparal)光学树胶,再取出盖玻片盖下,即可。

五、实验结果与分析

寻找唾腺要抓住以下特征：①位置：在幼虫体前约 1/3 处；②形状：一堆囊状结构,上小下大,常附着不透明的带状脂肪；③染色：半透明,比周围组织都透明,略带白色；④细胞特征：唾腺上的细胞较大,轮廓清晰。

观察唾液腺染色体制片,寻找形态良好、分散适中的图像仔细观察染色中心及各条臂的特点。

黑腹果蝇的染色体数为 $2n=8$,其中一对为性染色体(XY 或 XX),XX 染色体为顶端着丝粒染色体,呈杆状,Y 染色体为"J"形；第二对、第三对染色体均为中央着丝粒染色体,呈"V"形；第四对染色体短小,为顶端着丝粒染色体,呈点状,附在染色盘边缘(图 5-4)。由于唾腺染色体的假联会,X 染色体的一端在异染中心上,另一端游离；而第二对、第三对染色体着丝粒在中央,可以从异染中心呈"V"字形向外伸展出四条臂(2L、2R、3L、3R),Y 染色体着丝粒附近的异染色质参与了染色中心的形成,所以理想的片子,不管雌雄果蝇的唾腺细胞在显微镜下均可见五条长臂(X、2L、2R、3L、3R)和一条短臂(第四条染色体臂不易观察)。雄果蝇唾腺细胞中的 X 染色体臂比雌果蝇的稍细。

在唾腺细胞中 8 条染色体之间以着丝粒相互连结在一起形成染色盘或异染中心。由于同源染色体之间的假联会，以及短小的第四染色体不易观察到，所以经碱性染料染色后，可以观察到一个染色较深的染色盘和以染色盘为中心向外辐射出的 5 条染色体臂(图 5-5)。在这些染色体臂上可以看到染色深浅不同的区域，被称为明带和暗带的横纹。雄果蝇的 Y 染色体主要由异染色质组成，几乎包含在染色中心内，因此雄果蝇的 X 染色体臂比雌果蝇的 X 染色体臂要细一些。

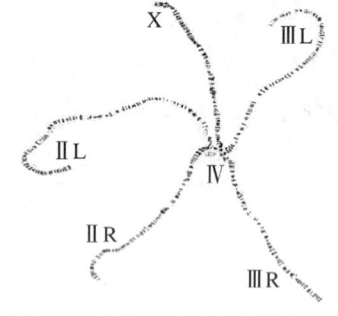

图 5-4 果蝇唾腺染色体模式图

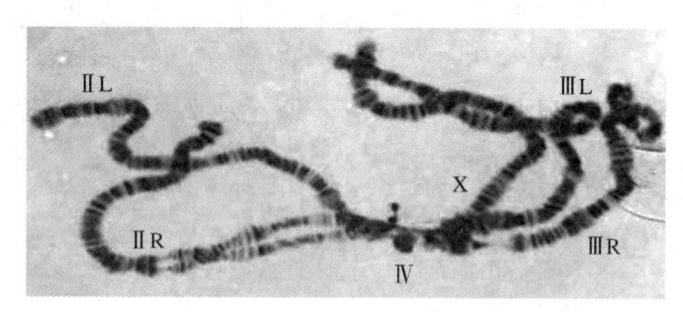

图 5-5 染色后的唾腺染色体

六、实验作业

1. 每人制作一张唾腺染色体制片。
2. 绘出所观察到的唾腺染色体，标出明显的横纹特征，并完成实验报告。

思考题

1. 根据你所学的知识，联会出现在什么类型的细胞中？
2. 利用巨大染色体可以进行哪些遗传学研究？

【注意事项】

1. 一定要加生理盐水，否则唾腺易干。
2. 将脂肪组织清除干净。
3. 水不可太多，否则幼虫会漂浮而且活跃。
4. 染色时间不可过长，否则背景也着色。
5. 压片时要揉，用力要均匀。
6. 染色完以后，将旧的染色液吸去，加新的染色液，再压片。
7. 吸水时勿将唾腺一起吸走。

实验六　动植物染色体畸变检测技术

一、实验目的

1. 了解微核检测技术原理和毒理遗传学意义。
2. 学习动植物微核检测技术。

二、实验原理

微核(micronucleus,MCN)是真核类生物细胞中的一种异常结构,是染色体畸变在间期细胞中的一种表现形式。各种理化因子作用于分裂的真核细胞后,引起染色体畸变。有丝分裂后期,丧失着丝粒的染色体断片或整条染色体,在分裂过程中行动滞后,分裂末期不能进入主核。当子细胞进入下一次分裂间期时,这些断片或染色体浓缩成主核之外的小核,即微核。在细胞间期,微核呈圆形或椭圆形,游离于主核之外,大小应在主核的 1/10~1/3,染色与主核一样或稍浅。

已经证实微核率的大小与用药的剂量或辐射累积效应呈正相关,所以可用简易的间期微核计数来代替繁杂的中期畸变染色体计数。由于大量新的化合物的合成,原子能的应用,各种各样工业废物的排出,使人们特别需要一套高度灵敏、技术简单的检测系统来监测环境的变化。微核检测技术是一种比较理想的方法。有研究显示,以植物进行微核检测技术与以动物进行的一致率可达 99% 以上。目前微核测试已经广泛应用于辐射损伤、辐射防护、化学诱变剂、新药试验、染色体遗传疾病及癌症前期诊断等各方面。利用微核检测技术,可准确地显示各种处理诱发畸变的效果,并可用于污染程度的监测。

三、实验材料、器具及试剂

1. 材料:成年小鼠(*Mus musculus*)、蚕豆(*Vicia faba*)。
2. 器具:显微镜、离心管、吸管、载玻片、盖玻片、瓷盘、烧杯、注射器、镊子、解剖用具。
3. 试剂:灭活小牛血清、1mol/L 环磷酰胺、甲醇、Carnoys 固定液、生理盐水、1mol/L 盐酸、改良苯酚品红染液、15% Giemsa 染液、15mol/L 磷酸缓冲液(pH 6.8)、一定浓度的 NaCl、$CaCl_2$、NaOH、NaN_3、敌敌畏等溶液。

四、实验方法

1. 小鼠骨髓细胞的微核检测

(1)微核的诱发：按 0.15mg/g 的剂量对小鼠腹腔注射环磷酰胺，诱发微核。

(2)骨髓细胞悬液的制备：拉断颈椎处死小鼠，迅速剥取两根股骨，剔净肌肉，用纱布擦掉附在股骨上的血污，剪掉股骨两端骨骺，用注射器吸取 2~3mL 37℃的生理盐水冲洗股骨腔，冲出骨髓细胞，置于 10mL 试管中，用吸管将细胞团块吹打散。静止片刻，取细胞悬液于 5mL 离心管中。

(3)离心：以 1000r/min 离心 3~5min，然后用细头滴管吸弃上清液，留下沉淀并加入 2~3 滴小牛血清，用细头滴管尖端仔细混匀。

(4)涂片：吸取细胞混悬液一小滴于载玻片的一端，按常规涂片法涂片 2~3cm，晾干备用。

(5)固定：无水甲醇中固定 5~10min。若当日不染色，应当放在 70% 的酒精溶液中置 4℃ 冰箱中保存。当天固定、当天染色最为理想。

(6)染色：15% Giemsa 染液染 18min 左右，自来水冲洗。

(7)观察计数：低倍镜粗检。选择细胞分散均匀、染色良好的区域油镜下观察计数。每一处理观察 3 张压片，每张压片数 1000 个细胞，统计其中含微核的细胞数，然后平均，即为该处理的微核千分率(MCN‰)。

2. 蚕豆根尖的微核检测

(1)浸种催芽：选择饱满、均匀的种子，洗净后用蒸馏水常规浸种，催芽 24~30h，此期至少换水 2 次；待种子充分吸胀后，移入铺有干净、双层湿纱布的托盘内培养。

(2)处理根尖：当初生根长到 1~2cm 时，选择初生根生长良好的蚕豆 6~8 粒，分别放入蒸馏水(CK)、NaCl、$CaCl_2$、NaOH、NaN_3、敌敌畏等溶液中染毒 8~12h。

(3)根尖细胞恢复培养：处理后的种子用蒸馏水(或自来水)浸洗 3 次，每次 2~3min；将处理液洗净后，置于湿棉花上恢复 22~24h；同时均设蒸馏水处理为空白对照组。以上温度均为 25℃。

(4)根尖细胞固定：将恢复后的种子，从根尖顶端切下 1~1.5cm 长的幼根，用 Carnoys 固定液固定 20~24h。固定后的根如不及时制片，可换入 70% 的酒精溶液中置 4℃ 冰箱中保存备用。

(5)酸解：用 1mol/L 盐酸在 (60±5)℃ 下酸解 8min，幼根软化即可。

(6)染色：吸去盐酸，用蒸馏水浸没幼根 3 次，每次 1~2min，最后浸于水中。制片前取出置载玻片上，截下 1mm 左右长的根尖，滴 1~2 滴改良苯酚品红染液染色 10~15min 后，加上盖玻片，覆以吸水纸常规压片。

(7)观察计数：低倍镜(10×)粗检。选择细胞分散均匀、染色良好的区域油镜下观察计数。每一处理观察 3 个根尖，每个根尖数 1000 个细胞，统计其中含微核的细胞数，然后平均，即为该处理的微核千分率(MCN‰)。

五、实验结果与分析

1. 微核识别：首先在低倍镜中找到分生组织区细胞分散均匀、分裂相较多的部位，再转高倍镜观察，找到微核。如图 6-1 所示。

（1）微核大小约为主核的 1/3，甚至更小，并与主核分离。

（2）微核着色与主核相当或稍浅。

（3）微核为圆形、椭圆形或不规则形，边缘光滑整齐。

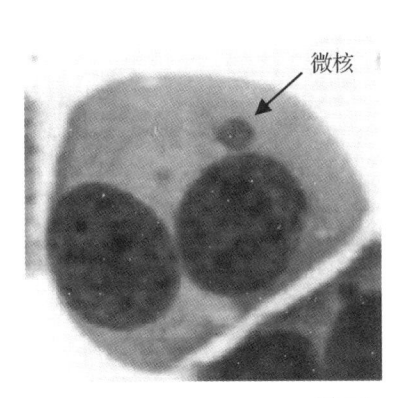

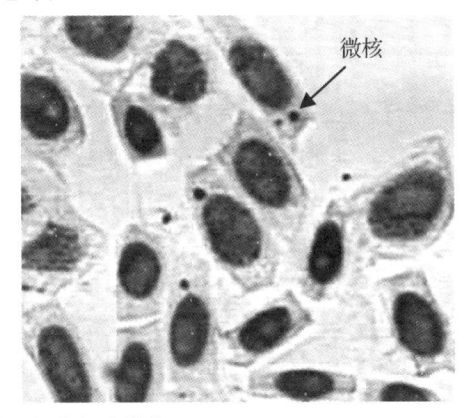

图 6-1　蚕豆根尖细胞微核

2. 微核千分率（MCN‰）

记录实验数据，并计算微核千分率（MCN‰），填入表 6-1 中。

表 6-1　微核检测记录表

片号	CK		No.1		No.2		No.3	
各自观察的细胞数或微核数	细胞数	微核数	细胞数	微核数	细胞数	微核数	细胞数	微核数
总　计								
微核千分率（MCN‰）								

3. 污染指标

污染指数（PI）＝样品实测 MCN‰ 平均值÷对照组 MCN‰ 平均值

污染指数在 0～1.5 区间基本没有污染；1.5～2 区间为轻度污染；2～3.5 区间为中度污染；3.5 以上为重度污染。

六、实验作业

1. 完成一张微核制片。

2. 观察染色体畸变、微核细胞图像，统计实验数据，认真分析实验结果，讨论染色体畸变检测的毒理遗传学意义，并完成实验报告。

思考题

1. 在蚕豆根尖细胞的微核测试中,为什么要进行恢复培养?
2. 根尖细胞在产生微核前的分裂中期可能出现什么样的中期分裂图像?实验观察中请同时仔细观察每个分裂相细胞。
3. 活体小鼠骨髓细胞涂片之前,向细胞中加入1滴小牛血清的目的是什么?

【注意事项】

1. 凡数值在上下限时,定为上一级污染。
2. 对严重污染的水环境进行检测时,检测处理会造成根尖死亡,应稀释后再作测试。
3. 在没有恒温设备时,如室温超过30℃,MCN‰本底可能有升高现象,但可经污染指数法数据处理,不会影响检测结果。
4. 涂片时推片与载玻片之间角度应小于45°,匀速推向一端,太快会将细胞推向末端且片子较薄,太慢会使片子太厚,细胞分散不均匀影响计数。
5. Giemsa染色的理想与否,磷酸缓冲液pH是关键。

实验七　大肠杆菌紫外诱变与营养缺陷型的筛选

一、实验目的

1. 了解应用紫外线对细菌进行诱变的方法。
2. 初步掌握诱变产生营养缺陷型菌株的筛选与鉴定的技术。

二、实验原理

在以微生物为材料的遗传学研究中,用某些物理因素或化学因素处理细菌,可诱发基因突变。如果突变后丧失合成某一物质(如氨基酸、维生素、核苷酸等)的能力,不能在基本培养基上生长,必须补充某些物质才能生长,称为营养缺陷型。实验室获得营养缺陷型菌株通常需经过以下几个步骤:诱变处理、突变型筛选、缺陷型检出、缺陷型鉴定。

诱变处理首先要选择诱变剂,诱变剂可分为物理和化学两类。微生物诱变中最常用的物理诱变剂是紫外线。进行诱变处理时为了避免出现不纯的菌落,一般要求微生物呈单核的单细胞或单孢子的悬浮液,分布均匀。试验表明处于对数生长期的细菌对诱变剂的反应最灵敏。诱变处理必须选择合适的剂量,不同微生物的最适处理剂量不同,须经预备实验确定。物理诱变的相对剂量与三个因素有关:诱变源和处理微生物的距离、诱变源(紫外灯)功率、处理时间。往往通过处理时间控制诱变剂量。

经处理以后的细菌,缺陷型所占的比例还是相当小,必须设法淘汰野生型细胞,提高营养缺陷型细胞所占比例,浓缩缺陷型细胞。浓缩缺陷型的方法有青霉素法、菌丝过滤法、差别杀菌法、饥饿法等,这些方法适用于不同的微生物。细菌中常用的浓缩法是青霉素法,青霉素是杀菌剂,只杀死生长细胞,对不生长的细胞没有致死作用。所以在含有青霉素的基本培养基中野生型能生长而被杀死,缺陷型不能生长,可被保存得以浓缩。

检出缺陷型的方法有逐个测定法、夹层培养法、限量补给法、影印培养法。这里主要以逐个测定法为例进行说明:把经过浓缩的缺陷型菌液接种在完全培养基上,待长出菌落后将每一菌落分别接种在基本培养基和完全培养基上。凡是在基本培养基上不能生长而在完全培养基上能生长的菌落就是营养缺陷型。

经初步确定为营养缺陷型的菌株用生长谱法鉴定。在同一培养皿上测定一个缺陷型对多种化合物的需要情况。

三、实验材料、器材与试剂

1. 材料:大肠杆菌($E.\ coli$)K12SF$^+$菌株。
2. 器材

离心机、紫外线照射箱、冰箱、恒温箱、高压灭菌锅、三角烧瓶、试管、离心管、移液管、培养皿、接种针等。

3. 试剂

肉汤液体培养基、2E 肉汤液体培养基、基本固体培养基、基本液体培养基、无氮基本液体培养、2N 基本液体培养基(成分及配制方法见附录Ⅳ)。

20 种基本氨基酸、7 种维生素(硫胺素、核黄素、吡哆醇、泛酸、对氨基苯甲酸、烟碱酸、生物素)、嘌呤、嘧啶、亚硝酸钠、青霉素钠盐、冰乙酸、乙酸钠、氢氧化钠、硫酸镁、蔗糖、生理盐水、0.1mol/L 醋酸缓冲液(pH=4.0)、0.1mol/L NaOH 溶液。

混合氨基酸(包括核苷酸)共分 7 组:其中第Ⅰ至第Ⅵ组各有 6 种氨基酸(包括核苷酸),每种氨基酸(包括核苷酸)等量研细并充分混合;第Ⅶ组为脯氨酸,因容易潮解,故单独组成。各组具体组成如下:

Ⅰ. 赖氨酸、精氨酸、甲硫氨酸、半胱氨酸、胱氨酸、嘌呤。
Ⅱ. 组氨酸、精氨酸、苏氨酸、谷氨酸、天冬氨酸(或甘氨酸)、嘧啶。
Ⅲ. 丙氨酸、甲硫氨酸、苏氨酸、羟脯氨酸、甘氨酸、丝氨酸。
Ⅳ. 亮氨酸、半胱氨酸、谷氨酸、羟脯氨酸、异亮氨酸、缬氨酸。
Ⅴ. 苯丙氨酸、胱氨酸、天冬氨酸、甘氨酸、异亮氨酸、酪氨酸。
Ⅵ. 色氨酸、嘌呤、嘧啶、丝氨酸、缬氨酸、酪氨酸。
Ⅶ. 脯氨酸。

混合维生素:把硫胺素、核黄素、吡哆醇、泛酸、对氨基苯甲酸、烟碱酸及生物素等量研细,充分混合即可。

四、实验方法

(一)菌液制备

1. 菌体的活化与培养

实验前 14~16h,挑取少量 K12SF$^+$菌,接种于盛有 5mL 肉汤培养液的三角瓶中,37℃培养过夜。第二天添加 5mL 新鲜的肉汤培养液,充分混匀后,分装成 2 只三角瓶,继续培养 5h。

2. 收集菌体

将两只三角瓶的菌液分别倒入离心管中,3500r/min 离心 10min,弃去上清液,打匀沉淀,其中一管吸入 5mL 生理盐水,然后倒入另一离心管,两管并成一管。

(二)紫外线诱变处理

1. 处理前先开紫外灯(15W)稳定 30min。

2.吸取菌液 3mL 于培养皿内,置于紫外灯下,距灯管 28.5cm 处;先连盖在紫外灯下灭菌 1min,然后开盖处理 1min(处理时间依 70%的杀菌率而定);照射后先盖上皿盖,再关紫外灯。

3.吸取 3mL 加倍肉汤培养液,注入处理后的培养皿中,37℃恒温箱内避光培养 12h 以上。

(三)突变型的筛选与检出

1.青霉素法淘汰野生型
(1)吸取 5mL 处理菌液于灭菌离心管中,3500r/min 离心 10min。
(2)弃上清液,加入生理盐水,打匀沉淀,离心洗涤三次,加生理盐水至原体积。
(3)吸取菌液 0.1mL 于 5mL 无氮基本培养液中,37℃培养 12h。
(4)加入等体积 2N 基本培养液,加入青霉素钠盐使最终浓度约为 1000U/mL,置 37℃恒温箱中培养。
(5)培养 12h、16h、24h 时分别取菌液 0.1mL,倒入两个灭菌的培养皿中,再分别倒入经融化并冷却至 40℃~50℃的基本及完全培养基中,摇匀放平,待凝固后,置 37℃恒温箱中培养(在培养皿上注明取样时间)。

2.逐个测定法检出营养缺陷型
(1)以上平板培养 36~48h 后,进行菌落计数。选用完全培养基上长出的菌落数大大超过基本培养基的那一组,用接种针挑取完全培养基上长出的菌落 80 个,分别点种于基本培养基与完全培养基平板上,先点种基本培养基,后点种完全培养基,置于 37℃恒温箱中培养。
(2)培养 12h 后,选在基本培养基上不生长,而在完全培养基上生长的菌落,再在基本培养基的平板上划线,置于 37℃恒温箱培养。24h 后不生长的可能是营养缺陷型。

(四)生长谱鉴定

1.突变菌株的培养与收集
(1)将可能是缺陷型的菌落接种于盛有 5mL 肉汤培养液的离心管中,37℃培养 14~16h。
(2)培养后,3500r/min 离心 10min,倒去上清液,加生理盐水,打匀沉淀,然后离心洗涤 3 次,最后加生理盐水到原体积。

2.营养缺陷型的鉴定
(1)吸取经离心洗涤的菌液 1mL 注入一灭菌的培养皿中,然后倒入已融化冷却至 40℃~50℃的基本培养基中,摇匀放平,待凝固,共做 2 只培养皿。
(2)将 2 只培养皿底等分 8 格并标记(如图 7-1),依次放入混合氨基酸(包括核苷酸)、混合维生素和脯氨酸(加量要很少,否则会抑制细菌的生长),然后置于 37℃恒温箱培养 24~48h,观察生长圈,当某一格内出现圆形混浊的生长圈时,即说明是某一氨基酸、维生素或核苷酸的缺陷型。

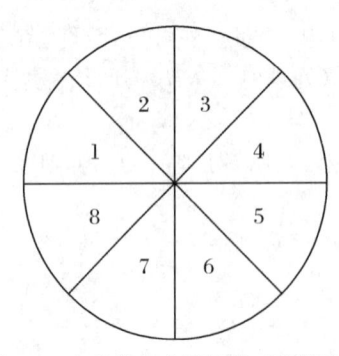

图 7-1　生长谱鉴定用培养皿底部图示

五、实验结果与分析

1. 将经紫外线诱变处理,并在含青霉素的培养基中培养 12h、16h、24h 后涂布于基本培养基和完全培养基的菌落生长情况填入表 7-1。

表 7-1　经紫外线诱导后菌落生长情况

培养基 \ 取样时间	菌落数		
	12h	16h	24h
[+]			
[−]			

2. 根据生长谱鉴定圈鉴定菌落的生长情况,判断你所鉴定的缺陷型是哪种缺陷型?

六、实验作业

对实验结果加以分析讨论,完成实验报告。

思考题

大肠杆菌紫外诱变及营养缺陷型菌株筛选的原理是什么?

【注意事项】

1. 皮肤暴露在紫外线下可致皮肤癌。眼睛最易受到紫外线损伤,导致短期甚至永久失明。因此,操作时要有相应的防护措施。
2. 各种器具、培养基及直接加入培养基中的试剂均需灭菌。

实验八 粗糙链孢霉杂交结果观察——四分子分析

一、实验目的

1. 了解粗糙链孢霉的生活周期及特性。
2. 通过对粗糙链孢霉的赖氨酸缺陷型和野生型杂交所得后代的表型分析,了解顺序四分子的遗传学分析方法,进行有关基因与着丝粒距离的计算和作图。

二、实验原理

粗糙链孢霉($Neurospora\ crassa$,$2n=14$),又称红色面包霉,属于真菌中的子囊菌纲,球壳目,脉孢菌属,目前已知有4~5种。

粗糙链孢霉的营养菌丝体是分节的,每一节内含有许多单倍体的核($n=7$)。野生型粗糙链孢霉的分生孢子有两种,小型分生孢子中含有一个核,大型分生孢子中含有几个核。分生孢子萌发,菌丝生长,形成菌丝体,菌丝再长出分生孢子散布开去,周而复始,这样形成粗糙链孢霉的无性生殖过程。

粗糙链孢霉也可以进行有性生殖。粗糙链孢霉的菌株具有两种不同的接合型(mating type),用A,a或mt^+,mt^-表示。接合型是由一对等位基因控制的,并符合孟德尔分离定律。有性生殖过程有两种方式:

正负菌丝接合
正负原子囊果+分生孢子 } = 二倍体合子 $\xrightarrow{减数分裂}$ 4个核 $\xrightarrow{有丝分裂}$ 8个子囊孢子

1. 不同接合型的菌丝接触,两核配对,但不融合,形成双核体。随着双核体菌丝的发育,子囊壳中形成许多伸长的囊状孢子囊,即子囊进行发育。在这些尚未成熟的子囊中即含有部分经核融合而形成的二倍体合子。合子形成以后就很快在发育着的子囊中进行减数分裂,形成4个单倍体孢子,再进行一次有丝分裂,形成8个单倍体的子囊孢子,而整个子囊壳就成为成熟的子囊果。

2. 菌丝在有性生殖的杂交培养基上增殖产生原子囊果(内部附有产囊体),若另一接合型分生孢子落在该原子囊果的受精丝上时,分生孢子的细胞核进入受精丝,到达产囊体,形成异核体。进入产囊体中的分生孢子的核发生分裂,并进入产囊菌丝中,被隔膜分成一对细胞,形成钩状细胞,亦称原子囊。钩状细胞顶端细胞的两核形成合子,合子核再进行减数分裂,分为四个单倍体的核,就是四分子,再进行一次有丝分裂,变成8个核,顺序地排列在一个子囊中。原子囊果在受精后增大变黑,成熟为子囊果。一个子囊果中有30~40个子囊,成熟的子囊孢子呈橄榄球状,长30~40μm,比3~5μm的分生孢子要大得多。子囊孢子如经60℃处理30~60min,便会发芽,长出菌丝,进入无性繁殖。

粗糙链孢霉的子囊孢子是单倍体细胞,它们是减数分裂的产物,一次减数分裂的产物包含在一个子囊中,所以根据一个子囊中子囊孢子的性状特征就很容易直观地观察到一次减数分裂所产生的四分子中一对等位基因的分离。而且8个子囊孢子按顺序地排列在狭长的子囊中,根据这一特征可以进行着丝粒作图,并发现基因转变(gene conversion)。如果两个亲代菌株有某一遗传性状的差异,那么杂交所形成的每一子囊,必定有4个子囊孢子属于一种类型,其他4个子囊孢子属于另一种类型,其分离比为1∶1,且子囊孢子按一定顺序排列。如果这一对等位基因与子囊孢子的颜色或形状有关,那么在显微镜下可以直接观察到子囊孢子的不同排列方式。

本实验赖氨酸缺陷型(Lys^-)与野生型(Lys^+)杂交,得到的子囊孢子分离为4个黑色的(+)和4个灰色的(−)。黑色孢子是野生型;而赖氨酸缺陷型孢子成熟迟,在野生型孢子成熟变黑时,还未变黑,而呈浅灰色。根据黑色孢子和灰色孢子在子囊中的排列顺序,可知合子在减数分裂时,基因Lys^-和着丝粒之间发生交换的情况,最终可有两大类型的子囊出现,即非交换性子囊和交换型子囊。如果着丝粒与某一对杂合基因之间未发生交换,此时,一对等位基因的分离为减数第一次分裂分离,即M_1,形成非交换型子囊。如果基因与着丝粒之间发生了交换,此时,一对等位基因的分离为减数第二次分裂分离,即M_2,形成交换型子囊。鉴别第一次或第二次减数分裂的分离,可根据8个子囊孢子基因型的排列顺序来确定。

非交换型子囊:＋＋＋＋－－－－
　　　　　　－－－－＋＋＋＋

交换型子囊:　＋＋－＋＋－－
　　　　　　－－＋＋－－＋＋
　　　　　　＋＋－－－－＋＋
　　　　　　－－＋＋＋＋－－

交换型子囊越多,则有关基因和着丝粒之间的距离越远,所以根据交换型子囊的频度可以计算某一基因和着丝粒之间的距离,称之为着丝粒距离。由于交换仅发生在二价体的四条染色单体中的两条之间,所以交换型子囊中仅有一半子囊孢子属于重组类型,因此可根据下列公式求出着丝粒与有关基因之间的重组值或图距:

$$着丝粒与某一基因间\ Rf = \frac{第二次分裂分离子囊数(或交换型子囊数)}{子囊总数} \times \frac{1}{2} \times 100\%$$

三、实验材料、器具及试剂

1. 材料

粗糙链孢霉野生型菌株,Lys^+,接合型A,分生孢子呈粉红色;粗糙链孢霉赖氨酸缺陷型菌株,Lys^-,接合型a,分生孢子呈白色。

2. 器具

显微镜、镊子、酒精灯、接种针、滤纸、载玻片、试管、培养皿、解剖针。

3. 试剂

基本培养基、补充培养基、完全培养基、杂交培养基、5％次氯酸钠(NaClO)溶液、5％石炭酸溶液。

四、实验方法

1. 菌种活化:菌种在 4℃~5℃保存,使用前要进行活化让菌种生长状态良好。活化时将菌种接在完全培养基上,28℃温箱培养 5d 左右,至菌丝的上部有分生孢子产生。有时,赖氨酸缺陷型在完全培养基上也长不好,需适量添加赖氨酸。

2. 杂交接种:将亲本菌株接种在同一杂交培养基上。具体操作方法如下:

(1)一次在杂交培养基上接种两亲本菌株的分生孢子或菌丝。先接缺陷型,后接野生型,放入 25℃温箱进行混合培养。5~7d 后就能看到许多棕色原子囊果出现,随后逐渐发育成熟,变大变黑,14d 左右,就可在显微镜下观察。

(2)在杂交培养基上接种一个亲本菌株,25℃培养 5~7d 后即有原子囊果出现。同时将另一亲本菌株的分生孢子用无菌水配成近于白色的悬浊液,将此悬浊液加到形成原子囊果的培养基表面,使表面基本湿润即可(每支试管约加 0.5mol),继续在 25℃培养。原子囊果在加入分生孢子 1d 后即可开始增大变黑成子囊果,7d 即可成熟。

3. 压片观察:在长有子囊果的试管中加少量无菌水,摇动片刻,把水倒在空三角瓶中,加热煮沸,以防止分生孢子飞扬。取一载玻片,滴 1~2 滴 5%次氯酸钠溶液,然后用接种针挑出子囊果放在载玻片上(若附于子囊果上的分生孢子过多,可先在 5%次氯酸钠溶液中洗涤,再移到载玻片上),用另一载玻片盖上,用手指压片,将子囊果压破,置显微镜低倍镜下观察,即可见一个子囊果中会散出 30~40 个子囊,像一串香蕉一样。加一滴水或次氯酸钠溶液,用解剖针把子囊拨开。

五、实验结果与分析

1. 赖氨酸缺陷型的子囊孢子成熟较迟,当野生型的子囊孢子已成熟变黑时,缺陷型的子囊孢子还呈灰色,因而我们能在显微镜下直接观察不同的子囊类型(图 8-1)。如果观察时间选择不当就不能观察到好的结果。过早都未成熟,全为灰色;过迟都成熟了,全为黑色,都不能分清子囊类型。所以最好在子囊果发育至成熟大小,子囊壳开始变黑时,每日取几个子囊果压片观察,到合适时期置于 4℃~5℃冰箱条件下,保证在 3~4 周内观察都可。

图 8-1 子囊孢子排列方式示意图

观察一定数目的子囊果,记录每个杂交型完整子囊的类型,填入表 8-1,并计算出 Lys 基因的着丝粒距离。

表 8-1　子囊类型统计

子囊类型	孢子排列方式	分离类型	观察数合计
1	＋＋＋＋－－－－	第一次分裂分离	
2	－－－－＋＋＋＋	第一次分裂分离	
3	＋＋－－＋＋－－	第二次分裂分离	
4	－－＋＋－－＋＋	第二次分裂分离	
5	＋＋－－－－＋＋	第二次分裂分离	
6	－－＋＋＋＋－－	第二次分裂分离	

2. 有时会观察到表 8-2 所示的子囊类型。

表 8-2　异常排列的子囊类型

子囊中孢子的排列								＋ ∶ －	可能的出现频率(%)
1	2	3	4	5	6	7	8		
－	－	－	＋	－	＋	＋	＋	4∶4	1
－	－	＋	＋	－	＋	＋	＋	5∶3	2
＋	＋	＋	＋	－	－	＋	－	5∶3	1
＋	＋	＋	＋	＋	－	－	－	5∶3	2
＋	＋	＋	＋	＋	＋	－	－	6∶2	3
＋	＋	＋	＋	－	＋	－	－	6∶2	1
＋	＋	＋	＋	＋	－	－	－	6∶2	1
－	－	－	－	＋	＋	－	－	2∶6	1

这些子囊类型的出现除观察时间的影响外,第一种 4∶4 的异常排列可能是减数分裂后有丝分裂时纺锤体的重叠造成的第 4、第 5 孢子的位置互换。其他类型则是由基因转变(gene conversion)造成的。

六、实验作业

统计实验数据,对实验结果进行分析讨论,完成实验报告。

思考题

1. 在计算着丝粒距离的公式中,1/2 的含义是什么?
2. 假设在基因与着丝粒之间有双交换发生,你的数据和计算结果会发生怎样的偏差?
3. 绘图表示交换型子囊的产生。

【注意事项】

1. 菌种活化及杂交要注意无菌操作。
2. 杂交后培养温度要控制在25℃;30℃以上会抑制原子囊果的形成。
3. 要选择好杂交结果观察的时间,否则无法分清类型。
4. 在制备装片挑破子囊时,力度要轻。此过程不需无菌操作,但注意不能使分生孢子散出,否则不能分辨子囊类型。
5. 用过的载玻片、镊子和解剖针等物都需放入5%的石炭酸溶液中浸泡后取出洗净,以防止污染实验室。

实验九　植物的有性杂交

一、实验目的

1. 理解植物有性杂交的原理。
2. 了解几种植物的花器构造、开花习性、授粉、受精等有性杂交知识。
3. 掌握几种植物有性杂交技术。

二、实验原理

植物有性杂交是利用遗传性状不同的亲本进行交配,以组合两个或多个亲本的优良性状于杂种体中。生物经过基因的分离和重组,会产生各种性状的变异类型,我们可从中选出最需要的变异类型,进一步创造对人类有利的优良品种。根据杂交亲本间亲缘关系的远近,有性杂交又分为近缘杂交和远缘杂交两大类。前者是指同一植物种内的不同品种之间的杂交,后者指在不同植物种或属间进行的杂交,也包括野生种和栽培种之间的杂交。品种间杂交为近缘杂交,由于品种间亲缘关系较近,具有相同的遗传物质基础,因此品种间杂交易获成功。通过正确选择亲本,能在较短时间内选育出具有双亲优良性状的新品种。但在品种间杂交时,因有利经济性状的遗传潜力具有一定限度,往往存在品种之间在某些性状上不能互相弥补的缺点。而远缘杂交可以扩大栽培植物的种质库,能把许多有益基因或基因片断组合到新种中,以使之产生新的有益性状,从而丰富各类植物的基因型。通过远缘杂交,还可获得雄性不育系,扩大杂种优势的利用。但远缘杂交交配结实率低,而且不易成功。往往出现完全不育、杂种夭亡、杂种后代强烈分离、中间类型表现不稳定等情况,因而增加了远缘杂交的复杂性和困难,限制了远缘杂交在育种实践上的应用。

有性杂交的技术流程包括:制订计划、准备器具、亲本株的培育与选择、隔离和去雄、花粉的制备、授粉、标记和登录、授粉后的管理等步骤。不同植物的有性杂交过程稍有差异。水稻、小麦和玉米是我国三大粮食作物,本实验通过对小麦或水稻、玉米选穗,整穗和去雄,采粉和授粉的练习,要求学生掌握以这三种作物为代表的植物有性杂交技术,为以后进行植物性状遗传规律的研究和从事作物的育种工作提供实验手段。

三、实验材料、器具与试剂

1. 材料

小麦、水稻或玉米(至少选择其中一种)。

2. 器具

镊子、小剪刀、玻璃纸袋、羊皮纸袋、牛皮纸袋、硫酸纸袋、大头针或曲别针、纸牌、标牌、广口瓶、广口暖水瓶、麦管、酒盅、铅笔、记录本。

3. 试剂

50%以上浓度的酒精溶液(常用70%酒精)、酒精棉球。

四、实验方法

1. 小麦有性杂交

(1)选穗:根据已确定的杂交组合,在杂交亲本中选择母本性状典型、健壮无病的单株作为母本,一般以主茎穗或大分蘖穗为好。被选中的小麦穗应该是刚抽出叶鞘还未开花,麦穗基部距旗叶叶鞘间距离为半寸左右,花药呈绿色,柱头还未羽毛状分叉。

(2)整穗:将选好的穗子先用镊子去掉麦穗下部发育较迟的小穗,仅留中部5~6个小穗,再用镊子取掉小穗上中间的几朵小花,一般每个小穗只留基部两朵发育最好的小花,最后用小剪刀将外颖和内稃的上部1/5至一半剪去。

整穗1 　　　　整穗2 　　　　整穗3 　　　　整穗4

(3)去雄:将整好的麦穗去雄,一般采用以下两种方法:

①分颖去雄法:将整过的麦穗夹在左手拇指和中指中间,用食指逐个轻压外颖的顶部,使内外颖分开,然后用镊子插入小花内外颖之间,轻轻把三枚花药取出,最好一次去净,注意勿伤柱头,同时不要将花药夹破。如果夹破了花药,应摘掉此朵小花,并用酒精棉球擦洗镊子顶端,以杀死其上附着的花粉,以免发生自交。去雄时先从穗的一侧开始,自上而下逐个进行。去完一侧再去另一侧,不要遗漏。去雄后立即将麦穗套上玻璃纸袋。用大头针或曲别针将纸袋别好(注意不要损坏旗叶)并挂上纸牌。用铅笔注明母本品种名称、去雄日期和操作者姓名。

②剪颖去雄法:用剪刀把整好的麦穗上留的每朵小花的护颖及内外颖剪去1/3～2/5,以不剪破花药为准,然后用镊子从剪口处把花药取出。此法也要自上而下逐朵小花进行,去完一侧再去另一侧,不能遗漏,也不能损伤柱头。如发现个别小花已散粉,应立即摘掉散粉小花。去雄后套上纸袋并别好,挂上纸牌,注明母本名称、去雄日期和操作者姓名。

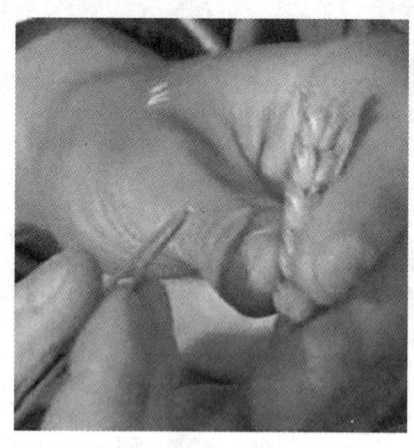

去雄1　　　　　　　　　　去雄2

(4)授粉:一般去雄后2～3d,花朵的柱头呈羽毛状分叉,并带有光泽。此时标志着柱头已发育成熟,可以进行授粉。但由于品种抽穗期早晚和当时的气温不同,柱头成熟的速度也不一致。一般早抽穗的品种,柱头成熟的时间较长些,晚抽穗的品种,特别是在高温条件下,去雄后1～2d柱头即可成熟,有的甚至边去雄柱头就已经成熟,因此应抓紧时机,适时授粉,以提高杂交结实率。每天上午8～11时,下午15～17时是最佳授粉时机。

①采粉授粉法:授粉前先采集父本花粉,于上午7～10时开花最盛时进行。如果父本穗子数量多,可直接采收花粉。方法是:选择麦穗中部有几朵小花并已开花的穗子,将此穗子自上而下轻轻抹几遍促使其开花,几分钟后就可看到颖壳逐渐张开,花药逐渐伸出,此时将穗子斜置于容器上方,用镊子轻轻敲打麦穗,花药即可落入容器之中。另外,如果父本穗子数量少,可选当天有几朵小花开花的穗子(花药呈金黄色),用镊子撑开小花的内外颖,取出金黄色的花药放入酒盅中。花粉采集后,马上取下麦穗上的纸袋,用小毛笔蘸取少量花粉或用镊子夹2～3个花药依次放入已去雄的小花柱头上,也要按从上而下,授完一侧再授另一侧的顺序进行。为使柱头授粉良好,应使花粉在柱头上轻擦几下。授粉完毕后,仍套上纸袋,用大头针别好,挂上纸牌。注明父本名称及授粉日期。

②采穗授粉法:此法配合剪颖法去雄。选择当天将要开花的父本穗为供粉穗,将穗子剪下,随即把顶部和基部发育不好的小穗去掉,留下中间两侧的小穗。然后将颖壳斜剪1/3,以不伤花药为准,在阳光下照射2～3min,花药即可伸出颖外,将母本纸袋上部剪开,向内吹气使纸袋充分张开,轻轻拿起即将散粉的父本穗,将其倒置插入母本纸袋,在袋内捻转几下,花粉就自然落在柱头上。授粉完毕后,取出父本穗,仍旧套上纸袋,用大头针别好纸袋口,在纸牌上注明父本名称及授粉日期。

套袋 1　　　　　　　　　套袋 2　　　　　　　　　挂牌

(5) 检查受精情况:授粉后 1~2h 花粉粒就在柱头上萌发,约 40h 后完成受精。授粉后 3~4d 打开纸袋检查杂交成功率。若子房已膨大、内外颖合拢、柱头萎缩、失去光泽说明已受精,否则未受精。若在一穗上大部分小花都没受精,则进行第二次授粉。检查完毕后仍然套上纸袋。

(6) 收获:六月初小麦成熟后,把同一种杂交组合的杂交穗子剪下收集在一起,脱粒后装在一个纸袋里,并在纸袋上注明杂交组合,种子粒数、收获日期,上交实验室。

2. 水稻有性杂交

(1) 选穗:根据已确定的杂交组合,选取植株生长健壮、无病虫害、具有该品种典型性状、稻穗已露出叶鞘 3/4、穗尖已开过几朵颖花的母本稻穗供去雄之用。

(2) 去雄:

①温汤杀雄法:利用水稻的雌雄蕊对温度的适应能力不同的特性,在水稻自然开花前 0.5h 时,将暖水瓶中的温水调节到 45℃。把选好的母本稻穗与暖水瓶相对倾斜,将稻穗全部浸入温水中。注意勿折断穗茎和穗秆。5~8min 后取出稻穗晾干(若水温降至 42℃~44℃,则处理 8~10min)。取出后 20min 左右即可开颖,不开的全部剪掉(注意防止剪伤开放的颖花及穗枝梗),随即套上透明纸袋,以防串粉。系上纸牌注明母本名称、去雄日期和操作者姓名。

②剪颖去雄法:在杂交前一天下午 4~5h 后,或杂交当天早晨 7~8 时进行。选取露出叶鞘一半或 2/3 的母本穗子,剥开叶鞘,进行整穗疏花,将上部已开的花和下部过嫩的花全部剪去。留下中部的预计次日能开的颖花(可将颖花在阳光下透视,当颖花内雄蕊伸长已达颖壳的 1/2 以上时,即为次日要开的颖花)20~30 朵,用剪刀横剪去颖壳的 1/4 或 1/3 (不要剪破花药),再斜剪外颖一侧,然后用镊子将 6 枚雄蕊轻轻夹去。去雄后,立即套上透明纸袋,挂上纸牌,注明母本名称、去雄日期和操作者姓名。

(3) 授粉:温汤去雄后,可以随即授粉。如用剪颖去雄,开花当天剪颖去雄的,以当天授粉效果最好,也可以次日上午授粉,授粉方法主要有:

①弹花授粉法:在水稻自然开花时,轻轻剪下正在开花的父本稻穗,并置于已去雄的母本稻穗上方,用手轻轻抖动父本稻穗,使花粉落在母本柱头上,连续进行 2~3 次。如

父母本相邻种植,则不必剪穗,可就近授粉;若母本已去雄而父本尚未开花时,则可用黑纸袋罩住父本穗子,约 10min 后,揭开纸袋即可开花授粉。

②授入花药法:在水稻自然开花时,用镊子夹住父本成熟的花药(刚开花而未散粉的花药或未开花但雄蕊伸长颖壳达 2/3 以上的颖花的花药),在已去雄的母本颖壳上轻轻摩擦,使花药破裂,花粉散落在柱头上,但注意不要损伤母本的花器。如果母本颖壳已经关闭,可将 2～3 个花药塞进颖内,让其自然开裂散粉。授粉后,母本穗仍旧套上透明纸袋,用回形针别好,并在纸牌上注明父本名称、授粉日期。

(4) 检查授粉情况:可在授粉 3d 后检查杂交是否成功,主要要看子房是否膨大。膨大者表示已受精,可以长成稻粒,此时可以把袋摘下。

(5) 收获:杂交后 20d 左右即可收获稻穗,连同纸牌一块交实验室。

3. 玉米有性杂交

(1) 选穗:根据实验设计,选择健壮无病、苞叶露出而没有吐丝的植株。

(2) 隔离:用透光防水的硫酸纸袋套住母本的雌穗,同时也套住选作父本的雄穗,以防外来花粉的侵入,以保证实验的准确性。

(3) 整穗:当雌穗花丝长出苞叶 3～4cm 时,雌花发育成熟,由于各朵花吐丝时间不同,苞叶外的花丝可能长短不齐,取下透明袋把花丝修剪成 3cm 左右,然后继续套上纸袋。

(4) 授粉:整穗后应马上进行授粉,上午 9～10 时,将已开花散粉的父本雄穗轻轻弯曲抖动,使花粉落在透明纸袋内,然后取下纸袋,折叠袋口。以草帽沿遮住雌穗上方,轻轻取下雌穗纸袋,将装有花粉的透明纸袋口朝下倾斜,使花粉均匀地倒在母本花丝上,然后立即套上原雌穗纸袋,用大头针连同苞叶一块别好,用小绳将纸轻轻拴在茎上,并在玉米茎上挂上纸牌,注明杂交组合、授粉日期及操作者。每做完一个杂交组合,就用酒精擦手,以杀死花粉,以免造成人为授粉混杂。另外授粉时间要短。

(5) 检查受精情况:4～5d 后,打开纸袋,若大部分花丝已萎缩,没有光泽,说明受精正常。

(6) 收获:将成熟的杂交果穗连同纸牌一起上交实验室。

五、实验结果与分析

根据上述小麦、水稻或玉米各自的杂交方法,每种植物在各自的开花盛期杂交 3～5 个,收获后将杂交穗子或籽粒交实验室。分析成功或失败的经验或教训,提出你的改进意见或建议。

六、实验作业

详细记录杂交实验过程及实验结果,完成实验报告。

思考题

1. 植物有性杂交应注意哪些事项?为什么?
2. 植物有性杂交在生产中有哪些作用?

实验十 小麦数量性状统计与遗传力的估算

一、实验目的

1. 学习数量性状遗传的特点和研究方法。
2. 学习估算遗传力的方法。

二、实验原理

表型变异由遗传变异和环境变异两部分组成。遗传变异来自分离中的基因以及它们跟其他基因的相互作用,环境变异是由于环境对基因型的作用造成的。若以 P 表示表型,G 表示基因型,E 表示环境作用,则 $P=G+E$。例如,15℃时基因型 $AABBcc$ 的植物平均高度为 40cm,而基因型 $aaBBCC$ 的植物仅有 35cm 高;但是在 30℃时,$AABBcc$ 植株的平均高度为 55cm,而 $aaBBCC$ 型植株为 60cm。同一种基因型在不同的温度下表型不同,这一变异是由环境引起的,所产生的方差称环境方差(V_E);在同样的环境条件(同一温度)下,不同基因型的高度不同,这一表型变异是由遗传因子的差异所引起的,所产生的方差称遗传方差(V_G)。因为方差可用来测量变异的程度,所以各种变异可用方差来表示,表型、基因型和环境三者的关系可用方差表示为:$V_P=V_G+V_E$。

那么在一个表型变异中起主要作用的究竟是遗传因素还是环境因素? 为了解答这个问题需要引入遗传力的概念。所谓遗传力(heritability)是指亲代传递其遗传特性的能力。遗传力可分为广义遗传力和狭义遗传力两种,广义遗传力(broad-sense heritability)指遗传变异占表型总变异的百分数。广义遗传力用公式表示为:

$$H^2 = \frac{V_G}{V_P} = \frac{V_{F_2} - V_E}{V_{F_2}} \times 100\%$$

可以看出,如果环境方差小,遗传率就高,表示表型变异大都是可遗传的,反之,环境方差大,遗传率就低,表示该表型变异大都是不能遗传的。

狭义遗传力(narrow-sense heritability)指遗传变异中属于基因加性作用的变异占表型总变异的百分数。遗传方差(V_G)可分解为三个组成部分:加性遗传方差(additive genetic variance,V_A)、显性遗传方差(dominant genetic variance,V_D)和互作遗传方差(interactive genetic variance,V_I)。在数量性状遗传中,每对等位基因的作用有累加效应,如一对控制高度的等位基因 A 和 a,平均可贡献 2cm 的高度,A 平均贡献 4cm 的高度,aa 纯合贡献 4cm 高度,Aa 杂合可贡献 6cm 或 7cm、8cm 的高度,AA 纯合可贡献 8cm 的高度,它们的遗传方差称为加性遗传方差。基因在杂合状态 Aa 时所表现的变异,只有这一部分能够遗传,若 A 对 a 有显性作用,那么 Aa 将贡献 8cm,显性作用所产生的方差称为显性方差,它是杂合子 Aa 距两种纯合子 AA 和 aa 的算术平均数的偏差;若非等位基因之间存在上位效应的话,还必须考虑到上位方差,也就是互作方差。显性方差和互作方差这两部分在纯合态时均消失,故由基因的这两种效应所表现的变异在选择上是不可能有什么效果的,唯有加性遗传部分是可固定的遗传。因此,狭义遗传力揭示了群体中可由亲代传给子代的那部分效应的方差占表型方差的分量,它比广义遗传力更准确。狭义遗传力用公式表示为:

$$h^2 = \frac{V_A}{V_P} = \frac{2V_{F_2} - (V_{B_1} + V_{B_2})}{V_P}$$

其中,$V_A = 2V_{F_2} - (V_{B_1} + V_{B_2})$。育种中,广义遗传力的大小表示从表型选择基因型的可靠程度,狭义遗传力的大小表示从表型选择基因型中加性效应的可靠程度。因为加性效应是可以遗传的,所以根据狭义遗传力进行选择比广义遗传力更有效。

通常植物的产量及某些产量构成性状,如作物的穗数、单株粒数等的遗传力值较低;而如作物的生育期、株高、某些化学成分等受环境影响较小的性状,其遗传力值较高。杂种早期世代的产量性状等的遗传力常因显性及株间环境变异大而低于后期家系世代,故严格的选择宜放在后期家系世代进行;而早期世代则可着重对遗传力值较大的性状进行选择。此外,还可由遗传力预估育种群体的遗传进度,从而为制订育种方案提供科学依据。

三、实验材料、器具

1. 材料

株高、穗长等性状有差异的小麦品种 P_1、P_2 及其杂种后代 F_1 代、F_2 代和 F_3 代,回交后代 $B_1(F_1 \times P_1)$、$B_2(F_1 \times P_2)$ 于同年同一环境条件下种植,随机区组设计,重复 3 次,收获时对不同世代随机取样,每小区取样 30 株进行调查,获得统计资料。

2. 器具

米尺、游标卡尺、计算器。

四、实验方法

1. 测量

准确测量各小区样本的株高、穗长等数据,获得 P_1、P_2、F_1、F_2 和 B_1、B_2 的统计数据。

2.计算基本参数
(1)计算平均数
按下式计算各世代各小区的平均数:

$$\bar{x} = \frac{\sum fx}{n}$$

其中,x 为个体数值;f 为次数;n 为个体数。

(2)计算表型方差
按下式计算不同世代各小区的表现型方差:

$$V_P = \frac{\sum(X-\bar{x})^2}{n-1} = \frac{\sum x^2 - (\sum x)^2/n}{n-1}$$

其中,x 为个体值;$\bar{x}$ 为个体所在的小区平均值;n 为个体数。
由此可得出 V_{P_1}、V_{P_2}、V_{F_1}、V_{F_2}、V_{B_1}、V_{B_2}。

(3)计算 V_E
根据下列公式计算环境方差 V_E。

$$V_E = \frac{1}{2}(V_{P_1} + V_{P_2})$$

$$或 = \frac{1}{3}(V_{P_1} + V_{P_2} + V_{F_1})$$

$$或 = V_{P_1}$$

$$或 = V_{P_2}$$

$$或 = V_{F_1}$$

(4)计算加性方差 V_A
根据下式计算 V_A

$$V_A = 2V_{F_2} - (V_{B_1} + V_{B_2})$$

3.遗传力估算
将计算出的基本表型参数分别代入公式

$$H^2 = \frac{V_G}{V_P} \times 100\% = \frac{V_G}{V_P + V_E} \times 100\%$$

$$h^2 = \frac{V_A}{V_P} = \frac{2V_{F_2} - (V_{B_1} + V_{B_2})}{V_P} \times 100\%$$

分别计算出广义遗传力和狭义遗传力。

五、实验结果与分析

分别计算不同世代各数量性状的平均数、表现型方差、环境方差和加性方差,进一步计算各性状的广义遗传力和狭义遗传力,结果见表10-1。

表 10-1　不同世代各数量性状的基本参数和遗传力

参数＼性状	株高	穗长
$\bar{x}$		
V_{P_1}		
V_{P_2}		
V_{F_1}		
V_{F_2}		
V_{B_1}		
V_{B_2}		
V_E		
H^2		
h^2		

六、实验作业

三人一组，每人取一个重复的样本测量各世代小麦株高、穗长，然后对统计资料进行计算分析，求出遗传力，完成实验报告。

思考题

遗传力在育种工作中有何意义？

【注意事项】

小麦株高的测量方法是：从分蘖节量至主茎穗顶端（不算芒）。

实验十一　多基因遗传的人类皮肤纹理分析

一、实验目的

1. 掌握皮肤纹理的测定和分析方法。
2. 了解皮纹分析在遗传学中的应用。

二、实验原理

皮肤纹理是真皮乳头向表皮突出,形成许多整齐的乳头线,称为嵴纹。在突起的嵴纹之间形成凹陷的沟,这些凹凸的纹理构成了人体的指纹和掌纹,简称皮纹。

皮肤纹理呈多基因遗传,在胚胎发育第 13 周开始出现,在第 19 周左右形成,出生后终生不变,而且每个人都有其特定的皮纹。长期以来,皮纹常被用作侦破案件的手段之一。研究发现,皮纹的异常与某些遗传性疾病,尤其是染色体病有较高的相关性。目前,皮纹学的知识和技术被广泛应用于人类学、遗传学、法医学以及作为临床某些疾病的辅助诊断。

三、实验用品

磁盘、人造海绵垫、印油(红色或黑色)、白纸、直尺、放大镜、量角器、铅笔、纱布等。

四、实验方法

1. 将印油适量地倒入磁盘的海绵垫上,用纱布涂抹均匀,再把白纸平铺于桌面上,准备取印。
2. 受检者洗净双手,擦干后将手掌按在海绵垫上,使掌面获得均匀的印油。
3. 按压法印取掌纹。先将掌腕线印在白纸上,然后从后向前依掌、指顺序逐步轻轻放下,手指自然分开,适当用力按压手背,尤其是腕部、掌心及手指基部,以免漏印。提起手掌时,先将指头翘起,然后是掌和掌腕面,这样便可获得满意的掌纹。
4. 滚动法印取指纹。即在对应的掌纹下方,由左至右依次印取 10 个手指的指纹。印时,将手指由一侧向另一侧轻轻滚动 1 次。注意印出手指两侧的皮纹,记下 10 个手指的顺序。

五、实验结果与分析

选取不同人的不同皮肤纹理，用放大镜进行观察，计数并分析指纹、掌纹及 atd 角等。

1. 皮指纹的计数

(1) 指纹的类型：手指末端腹面的皮纹称指纹。根据指纹中三叉点的有无及数目，可将指纹分为弓形纹、箕形纹、斗形纹三种类型（图 11-1）。

图 11-1　三叉点、三叉角、三辐线示意图

① 弓形纹：弓形纹可分为简单弓形纹和帐篷形弓形纹。

简单弓形纹的特点：皮纹线由手指的一侧走向另一侧，中部隆起呈弓形，无三叉点和圆心。帐篷形弓形纹与简单弓形纹基本相同，只是其弓形弯度较大，呈帐篷状。18-三体综合征弓形纹比例较高。

② 箕形纹：箕形纹可分为尺箕和桡箕。箕形纹的特点是：皮纹线由一侧发出，斜向上弯曲后又回到原侧，出现 1 个三叉点和 1 个圆心。按箕口朝向分类：箕口朝向本手小指侧，即尺骨方向者称尺箕或正箕；箕口朝向本手拇指侧，即桡骨方向者称桡箕或反箕。先天愚型尺箕比例高。

③ 斗形纹：分为简单斗形纹和双箕斗形纹。简单斗形纹的特点是：皮纹线呈螺旋形或同心圆形，一般有一个圆心，两个三叉点。双箕斗形纹是由两个斗形纹互相绞结而成（图 11-2）。

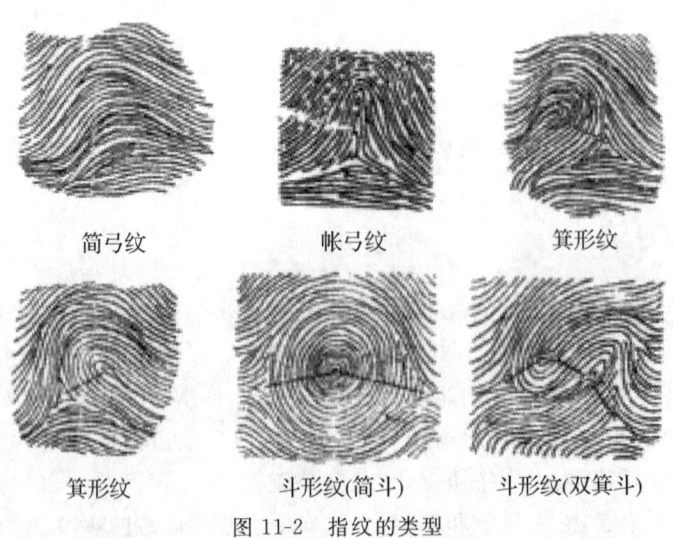

简弓纹　　帐弓纹　　箕形纹

箕形纹　　斗形纹(简斗)　　斗形纹(双箕斗)

图 11-2　指纹的类型

(2) 指嵴纹计数：弓形纹无三叉点，计数为零。箕形纹从圆心向三叉点连直线，计算经过直线的嵴线数。斗形纹从圆心分别向三叉点连直线，分别算出嵴纹数，在计算嵴纹总数时，只取其中较大的数值。

(3) 指嵴纹总数(TRC)：等于双手10个指的嵴纹数相加之和。

(4) 褶纹：是手指和手掌的关节弯曲活动处形成的明显可见的褶线。可分为指褶纹和掌褶纹(图11-3)。

① 指褶线

正常人除拇指仅有1条指褶纹外，其余4指均有2条指褶纹。某些染色体病患者，如21-三体、18-三体患者中其第5指仅有1条指褶线。

② 掌褶纹

正常人的手掌有3条呈"爪"字形的褶纹，分别称为大鱼际纵褶纹、近侧横褶纹和远侧横褶纹。有时近、远2横褶纹连成1条线，呈水平通贯全掌，称通贯手。先天愚型为通贯手的机率为50%，正常人的机率为5%。远侧横褶纹与近侧横褶纹在掌心处借短小的褶线相连形如搭桥，这种手被称为桥贯手或变异Ⅰ型；远侧横褶纹与近侧横褶纹彼此贯通，但在通贯的横褶上下方各有一分叉的小褶，这种手被称为叉贯手或变异Ⅱ型；近侧横褶纹通贯全掌，而远侧横褶纹走行正常，其多见于澳大利亚人，故称悉尼掌(图11-3)。

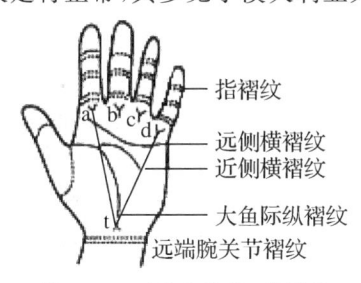

图11-3 正常人的指、掌褶纹

(5) 掌纹(图11-4、图11-5)

① 掌纹：可分为3个构型区：大鱼际区、小鱼际和I_2~I_4指间区。

大鱼际区位于拇指下方；小鱼际区位于小指下方；指间区指第2~5个手指的基部。掌面各有一个三叉点，分别称a、b、c、d。

② a—b嵴纹数值的计算：通过a、b两个三叉点连直线，计算经过的嵴纹数。

③ 三叉点t的测量方法：

在第2、5手指基部的掌面各有一个三叉点，分别称a、d，在手掌基部大、小鱼际之间，有1个三叉点，称t，由t向a、d连直线形成的夹角称atd角，用量角器测量其角度。我国正常人atd角的平均值在40°~45°，某些染色体病患者，atd角可超过50°，甚至达70°以上。atd角大于45°是染色体异常所致精神发育迟滞先天愚型特殊的外貌。

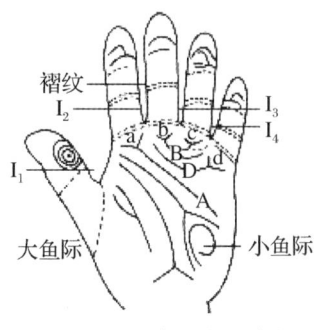

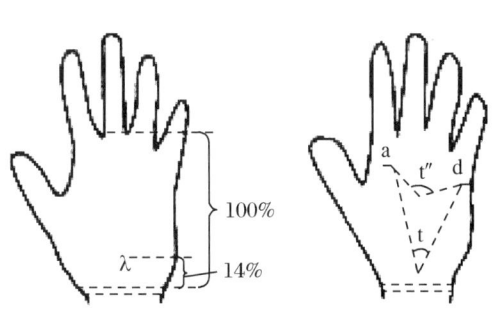

图11-4 正常人掌纹特点　　　　图11-5 t距、掌距图解及atd角

2. 皮指纹的分析

(1) 指纹分析：我国正常男性指脊纹总数为 144.7，正常女性指脊纹总数为 138.5。将本实验计数填入表 11-1。

(2) 掌纹分析：找出指基三叉点 a、b、c、d 和轴三叉点 t，测量 atd 角的度数，观察手掌的分区情况。

(3) 掌褶纹分析：观察手掌褶线的走向及变异情况，确定掌褶纹类型。

表 11-1 皮肤纹理调查表

项目		左手					右手					两手合计
		拇指	食指	中指	无名指	小指	拇指	食指	中指	无名指	小指	
指纹类型	弓形纹											
	尺箕											
	桡箕											
	斗形纹											
	指褶纹数											
	指峰纹数											
	指峰纹总数											
手掌	atd 角											
	手掌褶纹（普通型、通贯手或变异型）											
	备注											

六、实验作业

记录实验数据，讨论实验数据的遗传学意义，并完成实验报告。

思考题

1. 手掌指纹与遗传病的关系如何？
2. 指纹分析有何实际意义？

【注意事项】

1. 印制皮纹时，不要来回涂抹，印油量要适中。
2. 印制皮纹时，用力不宜过猛过重。不能移动手掌或白纸，以免所印皮纹重叠而模糊不清。

实验十二　遗传平衡定律(Hardy-Weinberg 定律)分析

一、实验目的

1. 通过实验进一步理解 Hardy-Weinberg 定律。
2. 以果蝇为模式生物,探讨人工模拟选择对基因频率和基因型频率改变的影响。

二、实验原理

Hardy-Weinberg 定律是群体遗传学中的基本定律,又称遗传平衡定律,该定律于 1908 年由英国数学家 G. H. Hardy 和德国医生 W. Weinberg 共同建立。它的基本内容是在一个大的随机交配的群体中,假如没有突变、没有任何形式的选择、无迁入迁出、无遗传漂变的情况下,那么该群体中基因频率和基因型频率可以世代相传而不发生改变。$p^2+2pq+q^2=1$ 是一对等位基因的遗传平衡公式,它表示在一个大的随机交配的群体中,一对等位基因所决定的性状,在没有迁移、突变、选择和漂变的情况下,整个群体的基因和基因型频率的总和都等于 1,符合这一条件的群体称作平衡群体。

三、实验材料、器具及药品

1. 材料:普通果蝇(*Drosophila melanogaster*)及残翅突变型果蝇。
2. 器具:双筒解剖镜、麻醉瓶、毛笔、白板纸。
3. 药品:乙醚、玉米粉、糖、酵母粉、琼脂等。

四、实验方法

1. 选用纯合的正常翅和残翅类型的果蝇群体,分别从两个群体中选取雌处女蝇和雄蝇各 20 只,共同放入一个大的培养瓶内,放入 25℃培养箱内培养。记录亲本正常翅和残翅的只数,并计算此时群体中正常翅和残翅基因的频率。

2. 当发现培养瓶内有幼虫或蛹出现应及时将亲本处死,以防发生回交。当有 F_1 个体出现后,观察其表型,记录 F_1 正常翅和残翅的只数。

3. 将 F_1 群体中出现的残翅个体全部处死。在一个新的培养瓶中分别放入 20 只正常翅雌蝇和雄蝇继续培养,即 $F_1×F_1$,此时不需要选处女蝇。培养至有 F_2 代产生。记录

F_2 正常翅和残翅的只数。

4. 将 F_2 群体中出现的残翅个体全部处死,在一个新的培养瓶中分别放入 20 只正常翅雌蝇和雄蝇继续培养,配成 $F_2 \times F_2$。记录 F_3 中正常翅和残翅的只数。

5. 进行与(4)同样的实验步骤,直至记录到 F_4 和 F_5。

6. 计算基因型频率和基因频率,将结果填入表 12-1。

五、实验结果与分析

表 12-1　基因型频率和基因频率统计

	基因型频率		基因频率	
	正常翅	残翅	正常翅(p)	残翅(q)
P				
F_1				
F_2				
F_3				
F_4				
F_5				
…				
…				

六、实验作业

1. 进行 χ^2 检验,判断实验十二中的数据是否达到遗传?为什么?

2. 实验十二模拟了怎样的选择影响?结果怎样?

3. 实验至 F_5 代时还有残翅基因存在吗?为什么?请推导出残翅基因频率在上述选择情况下随交配代数的变化通式。

4. 完成实验报告。

思考题

1. 实验十二在设计上有什么样的缺陷,如何弥补?你可以做出怎样的改进?

2. 通过实验十二的结果,判断正常的长翅基因(Vg)和残翅基因(vg)的显隐性关系,并说明是如何判断的。

3. 讨论如果在 F_1 留种时,只随机保留一只雄蝇和雌蝇将会出现怎样的情形?自然界中有这种情况出现吗?

4. 请你设计一个可以操作的实验,考察迁移对群体基因和基因型频率的影响。

实验十三　DNA 的提取及检测

一、实验目的

1. 学习和掌握动植物 DNA 提取的原理和技术方法。
2. 掌握琼脂糖凝胶电泳技术及 DNA 纯度、浓度测定方法。

二、实验原理

　　细胞内各种 DNA（包括基因组 DNA 和核外 DNA）称为总 DNA。DNA 与蛋白质结合成脱氧核糖蛋白（DNP），能溶解在纯水或 1mol/L 的 NaCl 溶液中，而不溶于有机溶剂。目前从样品中分离 DNA 的方法主要有两种，分别为 CTAB 法和 SDS 法。十六烷基三甲基溴化铵（Hexadecyl trimethyl ammonium Bromide,简称为 CTAB）、十二烷基硫酸钠（Sodium dodecyl sulfate,简称 SDS）是阴离子去污剂，可以有效地裂解细胞的细胞壁、细胞膜和核膜，且与 DNA 形成可溶于高盐溶液的复合物，当降低盐浓度时 DNA 又可沉淀析出，从而与蛋白质及多糖等分离。再加入苯酚和氯仿等有机溶剂［氯仿可使蛋白质失去水合状态而变性，并加速有机相与液相分层；异戊醇有助于消除提取过程中产生的气泡，因核酸（DNA）水溶性很强］，经离心后即可从提取液中除去细胞碎片和大部分蛋白质。而 DNA 不溶于乙醇等有机溶剂，上清液中加入无水乙醇使 DNA 沉淀，将沉淀 DNA 溶于 TE 溶液中，即得细胞总 DNA 溶液。RNase 降解 RNA；PVP（聚乙烯吡咯烷酮）可以降低酚化合物的离子化，β-巯基乙醇作为还原剂可以防止酚类的氧化；为了防止 DNA 酶解，提取时加 EDTA（乙二胺四乙酸）。

三、实验材料、试剂及器具

　　1. 材料：新鲜的幼叶叶片、新鲜动物肝脏。
　　2. 试剂：2×CTAB 提取缓冲液、TE 缓冲液、氯仿：异戊醇（V/V）＝24∶1、TBE 电泳缓冲液、$5mol·L^{-1}$ KAc、$3mol·L^{-1}$ NaAc（pH5.0）溶液、$5mol·L^{-1}$ NaCl 溶液、RNase A 10ng/μL、75% 乙醇、无水乙醇、抗坏血酸粉末（Vc）、PVP 粉末、琼脂糖凝胶、λ DNA/Hind III、Gold View 核酸染料、Loading Buffer、组织匀浆液、酶解液、液氮等。
　　3. 仪器与设备：小型离心机、低温冷冻离心机、超净工作台、琼脂糖凝胶电泳系统、凝胶成像系统、紫外分光光度计、研钵和研棒、2mL 离心管（灭菌）、1.5mL 离心管（灭菌）、电热恒温水浴锅、移液枪、涡旋、微波炉、手术剪刀、匀浆机、冰箱、高压灭菌锅等。

四、实验方法

(一)DNA 提取

1. 植物 DNA 提取

A. 称取除去叶脉的新鲜叶片约 0.5g。

B. 用液氮将研钵预冷,将叶片放入研钵中,加液氮将叶片快速研磨至粉末状,迅速转移至 2mL 离心管中,加入 65℃预热 2×CTAB 裂解液约 2mL,上下颠倒混匀,65℃水浴 30~40min,中途轻柔振荡 3 次,并放气 1 次。

C. 12000r/min 离心 10min,将上清液转移至另一离心管中。

D. 加入等体积氯仿:异戊醇(V/V)=24:1,轻柔颠倒,混匀,乳化 10min,12000r/min 离心 10min,吸取上清液,转入新离心管中。重复一次。

E. 对所得溶液加入两倍体积的-20℃预冷无水乙醇,混匀,在冰上沉淀 30min,出现絮状沉淀,可用玻棒挑出,或室温 12000r/min 离心 2min。

F. 去溶液,用 70%乙醇漂洗 DNA 沉淀,每次 5min,2 次,再用无水乙醇漂洗 5min,1 次。

G. 沉淀放于室温干燥,至无酒精味,加入适量 TE,溶解沉淀。

2. 动物 DNA 提取

A. 称取肝脏 0.5g 左右,用冰冷生理盐水洗 3 次,快速剪碎。

B. 碎肝转入预冷的玻璃匀浆器中,加入 4mL 组织匀浆液,匀浆至少 5~6 次,直到无大块的组织存在。

C. 匀浆液先静置一会儿,转入 10mL 离心管,4℃,5000r/min 离心 1~2min。

D. 弃上清液,沉淀(细胞)加 0.5mL 无菌水,用枪吹散,再加 0.5mL 酶解液,轻柔颠倒混匀,60℃水浴酶解 2~3h,直到酶解液彻底清澈。

E. 加入等体积氯仿:异戊醇(V/V)=24:1,轻柔颠倒混匀,乳化 10min,18℃以上 10000r/min 离心 10min,吸取上清液,转入新离心管中。重复一次。

F. 对所得溶液加入 1/5 体积的 $3mol \cdot L^{-1}$ NaAc 溶液及等体积-20℃预冷无水乙醇混匀,在冰上沉淀 30min,出现絮状沉淀,可用玻棒挑出,或室温 8000r/min 离心 10min。

G. 去溶液,将沉淀转入 1.5mL 离心管中,用 75%乙醇漂洗 2 次,每次 5min;再用无水乙醇漂洗 5min,1 次。

H. 沉淀放于室温干燥至无酒精味,加入适量 TE,溶解沉淀。

(二)DNA 纯化

1. 在粗提 DNA 溶液中分别加入 5μL RNase A,37℃水浴 40min,电泳查看 RNA 是否除净。

2. 对除净 RNA 的 DNA 溶液补加 400μL TE,加入 500μL 氯仿:异戊醇(V/V)=24:1 轻柔颠倒混匀,乳化 10min,18℃以上 12000r/min 离心 10min,吸取上清液,转入新离心管中。重复一次。

3. 在上清液中加入 5mol·L^{-1}NaCl 溶液,使溶液 NaCl 终浓度为 2mol·L^{-1},再加入 1~1.5 倍体积-20℃预冷无水乙醇混匀,在冰上沉淀 30min。

4. 室温 10000r/min 离心 10min,去溶液,将沉淀转入 1.5mL 离心管中。

5. 用 75% 乙醇漂洗 5min,2 次,再用无水乙醇漂洗 5min,1 次,沉淀放于室温干燥至无酒精味。

6. 加入 100μL TE,溶解沉淀,放入-20℃冰箱,备用。

(三)DNA 质量检测

1. 琼脂糖凝胶电泳检测

在锥形瓶中配制 1.0% 琼脂糖凝胶,在微波炉中加热沸腾,冷却至 50℃,加入核酸染料,将凝胶倒入电泳槽,使其充分凝固,将胶板放入电泳槽中。用移液枪取 5μL DNA 原液和 1μL Loading Buffer 混匀,加入点样孔;以 5μL λ DNA/Hind Ⅲ 为标准,在琼脂糖凝胶电泳系统 120V 电泳 20min,在凝胶成像系统观察并拍照。

2. 紫外检测

取纯化后的 DNA 溶液 3μL 加无菌水 57μL 稀释 20 倍后,测定 OD$_{260}$/OD$_{280}$ 值,判断 DNA 的纯度,并计算 DNA 的产率。

五、实验结果与分析

1. DNA 琼脂糖电泳检测:根据琼脂糖凝胶电泳检测结果,分析提取 DNA 的完整性。如图 13-1 所示,DNA 电泳条带清晰,没有拖带,完整性较好,分子量大于 15kb,可用于 RAPD、SSR 等一般的 PCR 操作。

2. 紫外分光光度计检测:当 DNA 样品中含有蛋白质、酚或其他小分子污染物时,会影响 DNA 吸光度。

一般情况下,同时检测同一样品的 OD$_{260}$、OD$_{280}$,计算其比值可用来衡量样品的纯度。若 DNA 的 OD$_{260}$/OD$_{280}$>1.9,表明有 RNA 污染。OD$_{260}$/OD$_{280}$<1.6,表明有蛋白质、酚等污染。

3. 根据下式计算 DNA 含量:

$$DNA 含量(\mu g/\mu L) = 50 \times (260nm 的读数) \times 稀释倍数$$

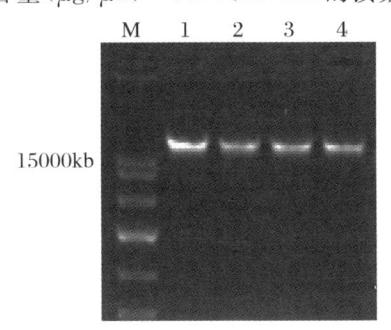

图 13-1 小麦叶片 DNA 琼脂糖凝胶电泳检测结果

六、实验作业

1. 分析电泳检测结果和紫外分光光度计检测结果。
2. 计算 DNA 的含量，完成实验报告。

思考题

1. CTAB 法提取 DNA 的原理是什么？
2. 为保证 DNA 的完整性，应注意哪些操作？

【注意事项】

1. 提取每一步用力要柔和，防止机械剪切力对 DNA 的损伤。
2. 取上层清液时，注意不要吸起中间的蛋白质层。
3. 乙醇漂洗去乙醇时，不要荡起 DNA。

实验十四　质粒 DNA 的提取及检测

一、实验目的

1. 了解碱法提取质粒的原理。
2. 掌握碱法提取质粒的方法。
3. 熟悉质粒检测的方法。

二、实验原理

　　质粒是一种细菌染色体外的、具有自主复制能力的、共价闭合环状超螺旋结构的小型 DNA 分子。在强碱性环境中，核酸等生物大分子易于变性，DNA 分子易发生氢键的断裂而形成单链分子，但是处于超螺旋状态的质粒 DNA 分子受此影响不大；添加酸性缓冲液后，染色体 DNA、蛋白质等大分子难于复性，相互缠绕形成复合物，而质粒 DNA 分子依然受影响不大，此时可以借助离心等手段，使 DNA、RNA 和蛋白质等复合物沉淀下来，而超螺旋状态的质粒依然保留在上清液中，从而达到分离的目的。碱裂解法提取质粒是实验室常用的方法。这种方法是根据共价闭合环状质粒 DNA 与线性染色体 DNA 在拓扑学上的差异来分离它们。

　　DNA 分子在高于等电点的 pH 溶液中带负电荷，在电场中向正极移动。由于糖-磷酸骨架在结构上的重复性质，相同数量碱基的双链 DNA 几乎具有等量的净电荷，因此它们能以同样的速度向正极方向移动。在一定的电场强度下，DNA 分子的迁移速度取决于分子本身的大小和构型，具有不同分子量的 DNA 片段迁移速度不一样，迁移速度与 DNA 分子量的对数值成反比关系。凝胶电泳不仅可分离不同分子量的 DNA，也可以分离分子量相同、但构型不同的 DNA 分子。一般提取的质粒有 3 种构型：超螺旋的共价闭合环状 DNA(covalently closed circular DNA,简称 cccDNA)；开环 DNA(open circular DNA,简称 ocDNA)，即共价闭合环状质粒 DNA 有一条链断裂；线状质粒 DNA(linear DNA,简称 lDNA)，即质粒 DNA 在同一处两条链都发生断裂。由于这 3 种构型的质粒 DNA 分子在凝胶电泳中的迁移率不同，因此，通常抽提的质粒在电泳后往往出现 3 条带，其中超螺旋质粒 DNA 泳动最快，其次为线状 DNA，最慢的为开环质粒 DNA。

三、实验材料、器具及试剂

1. 材料：含 pUC 质粒的大肠杆菌 DH 5α；含重组质粒的大肠杆菌 DH 5α。
2. 器具：恒温摇床、超净工作台、高压灭菌锅、高速台式离心机、微量可调移液器、琼脂糖凝胶电泳系统、紫外核酸检测仪、凝胶成像仪、微波炉、冰箱等。
3. 试剂：LB 液体培养基、Solution Ⅰ、Solution Ⅱ（现用现配制）、Solution Ⅲ、氨苄青霉素(Amp)、胰 RNA 酶、氯仿、无水乙醇、70%乙醇、50×TAE、0.5μg/mL 溴化乙啶溶液(EB)、15000bp DNA 分子量标准。

四、实验方法

（一）质粒的提取

1. 用灭菌接种环挑取单菌落放入 50mL LB 液体培养基（含 Amp 0.1mg/mL）中，37℃振荡培养过夜。
2. 将菌液倒入 1.5mL Eppendorf 管中，12000×g 离心 2min，去掉上清液，再瞬时离心，彻底去上清。沉淀悬于 200μL Solution Ⅰ 中，涡旋使充分悬浮。
3. 加入 300μL Solution Ⅱ，轻轻颠倒混匀，冰浴 5min。
4. 加入 300μL Solution Ⅲ，轻轻颠倒混匀，冰浴放置 5min。
5. 12000×g，离心 9min，将上清移至新 Eppendorf 管中，注意所取体积（约 600μL）。
6. 加入等体积酚：氯仿：异戊醇(25:24:1)约 600μL，轻轻混匀（此步骤可省）。
7. 12000×g，4℃，离心 9min，取上清液。
8. −20℃沉淀 20~30min，12000×g 离心 10min。
9. 去上清液，沉淀加入 600μL 70%乙醇，洗涤 2 次（12000×g 离心 3min）。
10. 去掉上清液，室温或真空干燥沉淀。
11. 每管中加入 25μL 无菌水，1μL RNase，37℃溶解质粒 DNA。

（二）质粒的检测

1. 制备 1.0%琼脂糖凝胶：称取 0.5g 琼脂糖置于锥形瓶中，加入 50mL 1×TAE，微波炉加热煮沸 2 次，至琼脂糖全部融化，摇匀，即成 1.0%琼脂糖凝胶液。
2. 制胶：将琼脂糖溶液倒入电泳支架上，放上梳子，梳子须离电泳支架底部 2mm 左右，倒胶。待凝胶凝聚后，小心拔去梳子，将支架放入装有电极缓冲液的电泳槽中，电极缓冲液应淹没过胶。
3. 加样：在点样板或 parafilm 上混合 DNA 样品和上样缓冲液，用 10μL 微量移液器分别将样品加入胶板的样品小槽内，每加完一个样品，应更换一个加样头，以防污染，加样时勿碰坏样品孔周围的凝胶面。
4. 电泳：加样后的凝胶板立即通电进行电泳，电压 60~100V，样品由负极（黑色）向正极（红色）方向移动。电压升高，琼脂糖凝胶的有效分离范围降低。当溴酚蓝移动到距离胶板下沿约 1cm 处时，停止电泳。

5. 电泳完毕后,取出凝胶,用含有 0.5μg/mL 的溴化乙锭 1×TAE 溶液染色约 10min。

6. 观察照相:在紫外灯下观察,DNA 存在则显示出红色荧光条带,采用凝胶成像系统拍照保存。

五、实验结果与分析

质粒提取后应是乳白色沉淀,加水后易溶解。根据质粒电泳检测结果和紫外分光光度计检测结果,判断所提取的 DNA 的质量,并计算含量。

六、实验作业

1. 分析电泳检测结果和紫外分光光度计检测结果。
2. 计算 DNA 的含量,完成实验报告。

思考题

1. 溶液Ⅰ、溶液Ⅱ、溶液Ⅲ在质粒提取过程中分别起到了什么作用?
2. DNA 在电场中的迁移率取决于哪些因素?

【注意事项】

1. 加入 Buffer Ⅰ 后,振荡后无明显可见菌体颗粒;加入 Buffer Ⅱ 后置于室温 3min,反应体系是澄清的;加入 Buffer Ⅱ、Ⅲ 后,忌剧烈振荡。

2. 微量可调移液器是比较精密的仪器,在使用时不要用力过猛,否则会损伤仪器部件和精度。

3. 溴化乙锭是一种强致突变剂,在操作和配制试剂时应戴手套。含溴化乙锭的溶液不能直接倒入下水道。

4. 在紫外灯(360nm 或 254nm)下观察染色后的电泳凝胶。DNA 存在处应显出橘红色荧光条带(在紫外灯下观察时应戴上防护眼镜,以防紫外线对眼睛的伤害作用)。

实验十五　总 RNA 的提取及反转录 PCR(RT-PCR)

一、实验目的

1. 学习从植物组织中提取总 RNA 的方法。
2. 了解 RT-PCR 的基本原理和实验方法。

二、实验原理

1. RNA 提取原理

RNA 是一类极易降解的分子，要得到完整的 RNA，必须最大限度地抑制提取过程中内源性及外源性核糖核酸酶对 RNA 的降解。高浓度强变性剂异硫氰酸胍可溶解蛋白质，破坏细胞结构，使核蛋白与核酸分离，使 RNA 酶失活，所以 RNA 从细胞中释放出来时不被降解。细胞裂解后，除了 RNA，还有 DNA、蛋白质和细胞碎片，通过酚、氯仿等有机溶剂处理得到纯化、均一的总 RNA。

2. RT-PCR 的原理

提取植物组织或细胞中的总 RNA，以其中的 mRNA 作为模板，采用 Oligo(dT) 作引物利用逆转录酶反转录成 cDNA。再以 cDNA 为模板进行 PCR 扩增，获得目的基因或检测基因表达。RT-PCR 使 RNA 检测的灵敏性提高了几个数量级，使一些极为微量的 RNA 样品分析成为可能。该技术主要用于分析基因的转录产物、获取目的基因和合成 cDNA 探针等。

三、实验材料、器具及试剂

1. 材料

植物幼嫩组织(如幼叶、花器、幼根)。

2. 器具

低温离心机、琼脂糖凝胶电泳系统、高压灭菌锅、PCR 仪、研钵、超低温冰箱、液氮罐、凝胶成像仪、涡旋混合器、微量可调移液器、水浴锅、紫外分光光度计、电子天平、pH 计、超低温冰箱等。

3. 主要试剂

焦碳酸二乙酯(DEPC)、异硫氰酸胍(GT)、醋酸钠(NaAc)、苯酚、异丙醇、氯仿、乙醇、β-巯基乙醇、琼脂糖、MLV 反转录试剂盒、Taq DNA 聚合酶、引物、Trizol 试剂、0.1% DEPC 水(37℃至少处理 12h，高压灭菌 15min)。

四、实验方法

(一)总 RNA 的提取

1. 提取植物组织 RNA 时,每 50~100mg 组织用 1mL Trizol 试剂对组织进行裂解;提取细胞 RNA 时,先离心沉淀细胞,每 $(5\sim10)\times10^6$ 个细胞加 1mL Trizol,反复用枪吹打或剧烈振荡以裂解细胞。

2. 将上述组织或细胞的 Trizol 裂解液转入 EP 管中,在室温 15℃~30℃下放置 5min。

3. 在上述 EP 管中,按照每 1mL Trizol 加 0.2mL 氯仿的量加入氯仿,盖上 EP 管盖子。

4. 在手中用力震荡 15s,在室温下放置 2~3min 后,12000×g,4℃,离心 15min。

5. 取上层水相置于新 EP 管中,按照每 1mL Trizol 加 0.5mL 异丙醇的量加入异丙醇。

6. 在室温下放置 10min,12000×g,4℃,离心 10min。

7. 弃上清液,按照每 1mL Trizol 加 1mL 75% 乙醇进行洗涤,涡旋混合,10000×g,4℃,离心 5min,弃上清液。

8. 让沉淀的 RNA 在室温下自然干燥。

9. 用 RNase-free ddH_2O 溶解 RNA 沉淀,贮于 -80℃。

(二)电泳检测

1. 将加 EB 的 1.0% 变性琼脂糖凝胶放入水平电泳槽中,加 1×TBE 电泳缓冲液,覆盖凝胶约 1mm。将 RNA 加到凝胶点样孔中,85V 条件下电泳 30min,在凝胶成像仪上观察结果。

2. 取少量待测 RNA 样品,用 TE 或蒸馏水稀释 50 倍(或 100 倍)。

3. 用 TE 或蒸馏水做空白,在 260nm、280nm 调节紫外分光光度计的读数至零。

4. 加入待测 RNA 样品在两个波长处,读取 OD 值。

5. 纯 RNA 样品的 OD_{260}/OD_{280} 小于 1.8 时,表明有蛋白质或酚污染,大于 2.0 时,可能有异硫氰酸残存。纯 RNA 样品的 OD_{260}/OD_{280} 应该在 1.8~2.0 之间。

6. 根据 OD 值计算 RNA 样品的浓度。

$$\text{RNA 样品的浓度}(\mu g/\mu L) = OD_{260} \times \text{稀释倍数} \times 40/1000$$

(三)RNA 反转录产生 cDNA

1. 在 DEPC 处理过的离心管中于冰上加入以下成分:

模板 RNA	2μL
Oligo(dT)18	1μL
DEPC 水	2μL

2. 混匀,70℃水浴中放置 2min,立即放置到冰上 2min。然后在冰上依次加入以下成分:

RNase	0.5μL
M-MLV	1μL
5×Buffer	2μL
10mM dNTP	1.5μL

3. 在 42℃水浴中反应 90min。72℃水浴 10min,终止反应。
4. 加入 15μL 的 DEPC 灭菌水,使总体积达到 25μL。

(四)PCR

1. 在灭菌的 PCR 管中加入以下成分,形成 PCR 反应体系:10×Buffer 2.5μL、dNTP(2.5mmol)2μL、RT-PCR 产物 5μL、Taq 酶 0.5μL、上游引物(10μmol/L)0.5μL、下游引物(10μmol/L)0.5μL、灭菌 ddH$_2$O 加到 25μL。

2. 按照下列条件进行 PCR 反应,94℃ 5min;94℃ 30s;55℃,30s;72℃,1min,30 个循环;72℃,7min;4℃保存。

五、实验结果与分析

高质量的 RNA 是逆转录和构建文库的关键。如图 15-1 所示,28S 和 18S rRNA 电泳条带完整清晰,28S 条带亮度约为 18S 的二倍,表明提取的 RNA 质量较好。根据设计的引物扩增到目的基因,其 PCR 结果见图 15-2。扩增条带单一,表明特异性较好。

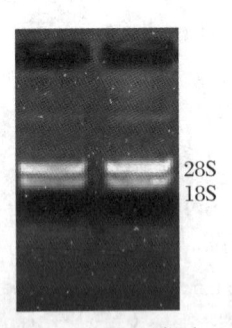

图 15-1 总 RNA 提取

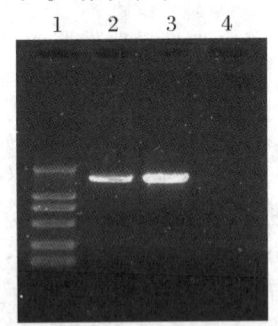

图 15-2 PCR 产物
Lane1. DL2000 Marker;Lane2~3. 目的基因;Lane4. 阴性对照

六、实验作业

分析 RNA 提取电泳检测结果以及 PCR 扩增结果,完成实验报告。

思考题

1. RNA 降解的主要原因以及预防措施是什么？
2. Trizol 的主要成分及其作用是什么？
3. 如何检测、评价提取的 RNA 的质量？

【注意事项】

1. 在研磨过程中，利用液氮时应使组织保持冰冻状态。
2. RNA 酶是一类生物活性非常稳定的酶类，除了细胞内源 RNA 酶外，外界环境中均存在。
3. 为防止 RNA 酶污染，所以操作时应戴一次性手套、口罩、帽子。
4. 使用 DEPC 时，应在通风橱中戴手套操作。
5. 所有器具都要用 DEPC 水彻底冲洗。
6. 在实验过程中要防止 RNA 的降解，保持 RNA 的完整性。在总 RNA 的提取过程中，注意避免 mRNA 的断裂。
7. PCR 不能进入平台期，出现平台效应与所扩增的目的基因的长度、序列、二级结构以及目标 DNA 起始的数量有关。故对于每一个目标序列出现平台效应的循环数，均应通过单独实验来确定。

第二部分
综合性实验

实验十六　果蝇杂交实验与遗传分析

一、实验目的

1. 通过实验加深对分离定律、自由组合定律和连锁互换定律的理解。
2. 掌握果蝇杂交的实验技术。
3. 在实验中熟练运用生物统计的方法对实验数据进行分析。

二、实验原理

分离定律：同源染色体上等位基因的分离。

自由组合定律：非同源染色体上非等位基因的自由组合。

伴性遗传：性染色体上的基因遗传行为与性别有关。

连锁互换定律：同源染色体上非等位基因间交换重组。

三点测交：连锁基因间的距离与重组值的大小有关，根据重组值可确定基因在染色体上的位置和排列顺序，从而作出连锁图。

三、实验材料、器具及试剂

1. 材料

各种纯系果蝇：

野生型：灰身，红眼，长翅。

突变型：檀黑体、白眼、残翅。

三隐性突变果蝇：白眼、残翅、焦刚毛。

2. 器具：麻醉瓶、毛笔、白瓷板、放大镜、解剖镜。

3. 试剂：乙醚。

四、实验方法

(一)设计杂交组合

1. 单因子杂交组合
正交:灰身♀×檀黑体♂或长翅♀×残翅♂
反交:檀黑体♀×灰身♂或残翅♀×长翅♂
2. 双因子杂交组合
正交:灰身长翅♀×檀黑体残翅♂
反交:檀黑体残翅♀×灰身长翅♂
3. 伴性遗传杂交组合
正交:红眼♀×白眼♂
反交:白眼♀×红眼♂
4. 三因子杂交组合
三隐性♀×野生型♂

(二)原种培养(同实验四)

(三)选处女蝇

用于杂交的亲本雌蝇应该是没有交尾的处女蝇,这样才能保证杂交结果可靠。一般来说,刚羽化出来的果蝇在 12h 之内是不进行交配的,所以在这段时间内选出的雌蝇即为处女蝇。为了保险起见,可以在羽化后的 8h 内挑选。

(四)杂交

按照所设计的杂交组合,如白眼♀×红眼♂,选出白眼处女雌蝇 2~3 只,红眼雄蝇 5~7 只共同放入一个培养瓶内。在培养瓶上贴好标签,注明杂交内容、日期、实验组号等,然后将培养瓶放入 25℃的培养箱内进行培养。如果温度适宜,也可在实验室的窗台上放置培养。

(五)收集并观察 F_1 代

当发现培养瓶内有蛹出现后应及时将亲本处死以防发生回交。当有 F_1 个体出现后,观察其表型,注意显、隐性关系并计数统计。

(六)收集并观察 F_2 代

在一个新的培养瓶内放入 5 对 F_1,配成 $F_1 \times F_1$,此时不需要选处女蝇。当看到培养瓶内有蛹出现时,将亲本处死。F_2 果蝇出现后,进行观察统计,观测数目在 200 只以上。按照所设置的杂交组合,提出理论假设并根据实验结果进行 χ^2 检验。

五、实验结果与分析

1. 单因子杂交(表16-1、16-2)

表16-1 果蝇单因子杂交实验F_1、F_2观察结果记录表

世代 \ 观察结果	正交		反交	
	灰身/长翅数	檀黑体/残翅数	灰身/长翅数	檀黑体/残翅数
F_1				
F_2				

表16-2 果蝇单因子杂交实验$F_2 \chi^2$测验结果统计表(正反交合并统计)

	灰身/长翅	檀黑体/残翅	合计
观察值(O)			
理论值(E)(3:1)			
$\frac{(O-E)^2}{E}$			

2. 双因子杂交(表16-3、16-4)

表16-3 果蝇双因子杂交实验F_2观察结果记录表

统计日期 \ 观察结果	正交				反交			
	长灰	长黑	残灰	残黑	长灰	长黑	残灰	残黑

表16-4 果蝇双因子杂交实验F_2结果统计表(正、反交合并统计)

	长灰	长黑	残灰	残黑
观察值(O)				
理论值(E)(9:3:3:1)				
$\frac{(O-E)^2}{E}$				

3. 果蝇伴性遗传(表16-5、16-6、16-7)

表16-5 果蝇伴性遗传实验F_1观察结果记录表(正反交)

统计日期 \ 观察结果	正交		反交	
	红眼雌	红眼雄	白眼雄	红眼雌

表 16-6　果蝇伴性遗传实验 F_2 观察结果统计表（正交）

统计日期 \ 观察结果	红眼雌	红眼雄	白眼雄
合计			
百分比			
预期值(E)(2∶1∶1)			
$(O-E)^2/E$			

表 16-7　果蝇伴性遗传实验 F_2 观察结果统计表（反交）

统计日期 \ 观察结果	红眼雌	红眼雄	白眼雌	白眼雄
合计				
百分比				
预期值(E)(1∶1∶1∶1)				
$(O-E)^2/E$				

4. 果蝇三点测交（表 16-8）

表 16-8　果蝇连锁与交换实验观察结果记录表

测交后代表型	测交后代基因型	统计日期	总数	重组发生在		
				$m—sn_3$	$sn_3—w$	$m—w$
残翅焦刚毛白眼	$m\ sn_3\ w$					
长翅直刚毛红眼	+++					
长翅直刚毛白眼	++w					
残翅焦刚毛红眼	$m\ sn_3$ +					
长翅焦刚毛红眼	+sn_3 +					
残翅直刚毛白眼	m+w					
残翅直刚毛红眼	m++					
长翅焦刚毛白眼	+$sn_3\ w$					

计算基因间的重组值，并绘制染色体图。sn_3—w 间重组值＝

m—sn_3 间重组值＝

m—w 间重组值＝

六、实验作业

1. 整理数据,分别做 χ^2 测验,判断其是否符合遗传规律。
2. 三点测交计算图距,确定基因之间的相对位置,并完成实验报告。

思考题

1. 果蝇杂交实验中,亲本果蝇的雌性必须为处女蝇,为什么?F_1 代自交时雌性果蝇可以不是处女蝇,为什么?如何操作可得到处女蝇?
2. 符合伴性遗传的基因定位实验中,三隐性雌蝇与雄蝇之间的杂交相当于测交后代,为什么?反交是否也是?常染色体上的基因遗传是否也是这样?

【注意事项】

1. 挑果蝇时,除了要注意雌雄外,还要注意性状,防止因果蝇混杂而引起实验结果的失败。
2. 不可麻醉过度。
3. 放到培养瓶中时要先把瓶子倾斜,待果蝇苏醒后再把瓶子竖起来,防止果蝇粘在培养基中而不能苏醒。
4. 剩余的果蝇可放到大瓶子中,以保种用。
5. 写好标签放到培养箱中。

实验十七　植物染色体核型分析

一、实验目的

1. 观察分析植物细胞有丝分裂中期染色体的长短、臂比和随体等形态特征。
2. 学习染色体核型分析的方法。

二、实验原理

各种生物染色体的形态、结构和数目都是相对稳定的。每一物种细胞内特定的染色体组成叫染色体组型。

染色体核型(chromosome karyotype)是生物体细胞所有可测定的染色体表型特征的总称,包括染色体的总数、染色体组的数目、组内染色体基数,每条染色体的形态、长度等。它是物种特有的染色体信息之一,具有很高的稳定性和再现性。核型分析就是研究一个物种细胞核内染色体的数目及各种染色体的形态特征,如染色体的长度、着丝点位置、随体或次缢痕等。核型分析是研究染色体基本手段之一,利用这一方法可以鉴别染色体结构畸变、染色体数目变异,同时也是研究物种的起源、遗传与进化、细胞生物学、现代分类学的重要手段。

三、实验材料和器具

1. 材料:大麦、蚕豆、玉米、大蒜、洋葱等细胞有丝分裂中期染色体照片(2500×),放大相同倍数的测微尺照片。
2. 器具:剪刀、绘图纸、坐标纸、直尺、胶水。

四、实验方法

1. 测量

依次测量放大照片各染色体长臂和短臂的长度(随体是否计入臂长须注明)。
根据测量、记录染色体形态测量数据计算:
绝对长度(μm)＝放大的染色体长度÷放大倍数
染色体组总长度＝该细胞单倍体全部染色体长度(包括性染色体)之和

相对长度(%)＝单个染色体长度÷染色体组总长度×100

臂比＝长臂长度÷短臂长度

着丝粒指数＝短臂÷该染色体长度×100%

2.配对

根据测量数据,即染色体相对长度、臂比、着丝粒指数、次缢痕的有无及位置、随体的形状和大小等进行同源染色体的剪贴配对。

3.排列

(1)染色体对从大到小依次排列;等长染色体对,短臂长的在前;具随体染色体、性染色体可单独排在最后。

(2)异源的染色体要按染色体组分别排列(如小麦的 A、B、D 染色体组)。

4.剪贴:把上述已经排列的同源染色体按先后顺序粘贴在绘图纸上。粘贴时,短臂向上、长臂向下,各染色体的着丝粒排在一条直线上。

5.分类:臂比反映着丝点在染色体上的位置。据此可确定染色体所属的形态类型。

1～1.7,中着丝粒染色体(M);1.71～3.0,近中着丝粒染色体(SM);3.01～7.0,近端着丝粒染色体(ST);＞7.01,端着丝粒染色体(T);随体染色体(SAT)。

五、实验结果与分析

1.填表:将测量计算结果填入表 17-1。

表 17-1　染色体形态测量数据表

染色体序号	绝对长度(μm)	相对长度(%)	臂比(长/短)	染色体类型

总长度:××μm(单倍的染色体实际总长)　　平均相对长度:××

2.综合描述

(1)计数体细胞染色体数目:统计细胞数≥30,85%具有恒定一致的数目。

(2)以分裂中期、高质量的体细胞染色体图像作为形态描述,对 5 个以上的细胞染色体测其平均值。

(3)核不对称系数(Ask)＝长臂总长÷全组染色体总长×100%

(4)染色体的长短:按 Kuo 等的方法,以染色体相对长度系数(I.R.L)组成划分染色体的长短,即 I.R.L≥1.26 为长染色体(L);1.01≤I.R.L≤1.25 为中长染色体(M_2);0.76≤I.R.L≤1.00 为中短染色体(M_1);I.R.L＜0.76 为短染色体(S)。如:$2n=24=8L+2M_2+10M_1+4S$。

相对长度系数(I.R.L)＝每条染色体的相对长度÷染色体的平均相对长度

(5)染色体组型分类：

表 17-2　Stebbins(1971)核型分类表

染色体长度比	臂比值＞2 的染色体的百分比			
	0.00	0.01～0.50	0.51～0.99	1.00
＜2∶1	1A	2A	3A	4A
2∶1～4∶1	1B	2B	3B	4B
＞4∶1	1C	2C	3C	4C

染色体长度比＝最长染色体长度÷最短染色体长度

染色体核型类型 1A 为最对称型，4C 为最不对称型。

(6)染色体核型的公式：如芍药 $2n=2x=10=8M(2Sat)+2SM=6M+2SAT+2SM$

(7)染色体核型模式图：根据各染色体的相对长度平均值绘制一张坐标图。横轴上标明各染色体序号，每一染色体与其序号相对应，纵轴表示相对长度值(％)，零点绘在纵轴的中部，并与各染色体的着丝点相对应，此即为该细胞的染色体核型模式图。

六、实验作业

完成实验报告。

思考题

1. 核型分析时，为何通常计算染色体相对长度而不是绝对长度？
2. 核型分析有何意义？

【注意事项】

1. 测量前应进行染色体编号，以免造成混乱。

2. 实验室提供的显微照片应选用染色体数目较少、染色体较大、分散情况较好的制片。

3. 剪贴时，一对染色体要排列紧密，不要有间隔，而每对之间要有间隔，着丝粒都要排列在横线上，并且排列整齐。进行核型分析时不要面向剪下的染色体大声说话，以免染色体被吹跑丢失。

4. 细胞有丝分裂中期染色体照片与测微尺照片应放大相同的倍数。

实验十八　人类染色体的识别及核型分析

一、实验目的

1. 了解人类染色体的基本特征。
2. 学习人类染色体核型分析的基本方法。

二、实验原理

人类的体细胞为二倍体,具有 46 条染色体(图 18-1)。女性为 46,XX;男性为 46,XY;配子为单倍体,含有 23 条染色体。人类的单倍体染色体组上有 30000~40000 个结构基因,平均每条染色体上有上千个基因,各染色体上的基因都有严格的排列顺序,各基因间的毗邻关系也是较为恒定的。24 条染色体形成了 24 个基因连锁群,染色体上发生任何数目异常,甚至微小的结构变异,必将导致某些基因的突变、增加或缺少,从而产生临床效应。人类染色体异常往往表现为具有多种畸形的综合征,称为染色体综合征,其症状表现为多发畸形、智力低下、生长发育异常等。染色体病的检查、诊断已经成为临床实验室检查的重要内容。

图 18-1　人类染色体形态

1960 年,在美国 Denver 市召开了第一届国际遗传学会议,谈论并确定正常人核型(karyotype)的基本特点,即 Denver 体制,并成为识别人类各染色体病的基础。根据 Denver 体制,将待测细胞的染色体进行分析,确定是否正常以及是否具有异常特点即为核型分析。

人类染色体核型分析对人类医学遗传研究及临床应用都有重大意义,如肿瘤细胞的核型分析已被应用于肿瘤的临床诊断、愈后及药物疗效的观察。通过培养后的淋巴细胞或皮肤成纤维细胞的核型分析,可以对人的染色体病进行诊断,而对培养后的羊水中的胎儿脱屑细胞或胎盘绒毛膜细胞的核型分析,则可用于胎儿性别鉴别及是否患有染色体病的产前诊断。

三、实验材料、器具

1. 材料:人类染色体显微摄影照片。
2. 器具:毫米尺、镊子、剪刀、计算器。

四、实验方法

1. 参照实验十七所介绍的方法,对染色体照片中的每一条染色体进行测量,并计算有关参数。
2. 根据同源染色体配对情况及人类染色体分组原则,剪下染色体,并将它们排列成染色体核型图。

五、实验结果与分析

1. 将测量计算结果填入表 18-1。

表 18-1 人类染色体核型分析表

编号	绝对长度	相对长度	短臂	长臂	臂比	着丝粒指数	随体类型	类型
1								
2								
...								
22								
X								
Y								

2.按照Denver体制,分组贴图。如图18-2所示。

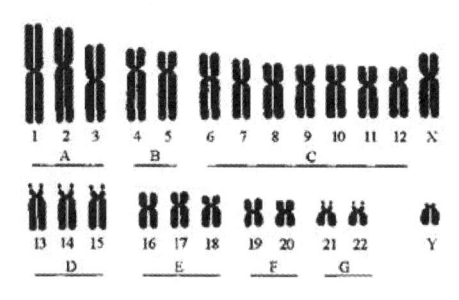

图 18-2 正常男性染色体核型模式图

六、实验作业

完成实验报告。

思考题

1.人的正常核型如何表示？

2.请描述核型：

45,XY,der(14;21)(q21;q14)

47,XY,+21

实验十九　荧光原位杂交实验

一、实验目的

1. 通过实验了解荧光原位杂交技术的基本原理及其在生物学、医学领域的应用。掌握原位杂交技术的操作方法。
2. 熟练掌握荧光显微镜的使用方法。

二、实验原理

荧光原位杂交(Fluorescence in situ hybridization,FISH)是一门新兴的分子细胞遗传学技术,是20世纪80年代末期在原有放射性原位杂交技术的基础上发展起来的一种非放射性原位杂交技术。目前这项技术已经广泛应用于动植物基因组结构研究、染色体精细结构变异分析、病毒感染分析、人类产前诊断、肿瘤遗传学和基因组进化研究等许多领域。FISH的基本原理是用已知的标记单链核酸为探针,按照碱基互补的原则,与待检材料中未知的单链核酸进行特异性结合,形成可被检测的杂交双链核酸。由于DNA分子在染色体上是沿着染色体纵轴呈线性排列,因而可以将探针直接与染色体进行杂交从而将特定的基因在染色体上定位。与传统的放射性标记原位杂交相比,荧光原位杂交具有快速、检测信号强、杂交特异性高和可以多重染色等特点,因此在分子细胞遗传学领域受到普遍关注。

杂交所用的探针大致可以分为三类:(1)染色体特异重复序列探针,例如α卫星、卫星Ⅲ类的探针,其杂交靶位常大于1Mb,不含散在重复序列,与靶位结合紧密,杂交信号强,易于检测。(2)全染色体或染色体区域特异性探针,其由一条染色体或染色体上某一区段上极端不同的核苷酸片段所组成,可由克隆到噬菌体和质粒中的染色体特异大片段获得。(3)特异性位置探针,由一个或几个克隆序列组成。探针的荧光素标记可以采用直接标记和间接标记的方法。间接标记是采用生物素标记的dUTP(biotin-dUTP)经过缺口平移法进行标记,杂交之后用偶联的荧光素的抗生物素的抗体进行检测,同时还可以利用几轮抗生物素蛋白—荧光素、生物素化的抗生物素蛋白、抗生物素蛋白—荧光素的处理,将荧光信号放大,从而可以检测500bp的片段。而直接标记法是将荧光素直接与探针核苷酸簇磷酸戊糖骨架共价结合,或在缺口平移法标记探针时将荧光素核苷三磷酸掺入。直接标记法在检测时步骤简单,但由于不能进行信号放大,因此灵敏度不如间接标记法。

三、实验材料、器具及药品

1. 材料：人外周血中期染色体细胞标本。
2. 器具：恒温水浴锅、培养箱、染色缸、载玻片、荧光显微镜、盖玻片、封口膜、200μL 移液器、20μL 移液器、暗盒等。
3. 药品：Y 染色体探针、指甲油、甲酰胺、氯化钠、柠檬酸钠、氢氧化钠、吐温 20。

四、实验方法

1. 探针及标本的变性
(1) 探针变性

将探针在 75℃ 恒温水浴中温育 5min，立即置于 0℃ 的水浴中 5~10min，使双链 DNA 探针变性。

(2) 标本变性

①将制备好的染色体玻片标本于 50℃ 培养箱中烤片 2~3h（经 Giemsa 染色的标本需预先在固定液中褪色后再烤片）。

②取出玻片标本，将其浸在 70℃~75℃ 的体积分数 70% 甲酰胺/2×SSC 的变性液中变性 2~3min。

③立即按顺序依次将标本经体积分数 70%、90% 和 100% 的冰乙醇系列脱水，每次 5min，然后在空气中使之干燥。

2. 杂交

将已变性或预退火的 DNA 探针 10μL 滴于已变性并脱水的玻片标本上，盖上 18×18 盖玻片，用 Parafilm 封片，置于潮湿暗盒中，37℃ 下过夜（15~17h）。由于杂交液较少，而且杂交温度较高，持续时间又长，因此为了保持标本的湿润状态，此过程在湿盒中进行。

3. 洗脱

此步骤有助于除去非特异性结合的探针，从而降低本底。

(1) 杂交次日，将标本从 37℃ 温箱中取出，用刀片轻轻将盖玻片揭掉。

(2) 将已杂交的玻片标本放置于已预热至 42℃~50℃ 的体积分数 50% 甲酰胺/2×SSC 中洗涤 3 次，每次 5min。

(3) 在已预热至 42℃~50℃ 的 1×SSC 中洗涤 3 次，每次 5min。

(4) 在室温下，将玻片标本于 2×SSC 中轻洗一下。

4. 杂交信号的放大

(1) 在玻片的杂交部位加 150μL 封闭液 I，用保鲜膜覆盖，37℃ 温育 20min。

(2) 去掉保鲜膜，再加 150μL avidin-FITC 于标本上，用保鲜膜覆盖，37℃ 继续温育 40min。

(3) 取出标本，将其放入已预热至 42℃~50℃ 的洗脱液中洗涤 3 次，每次 5min。

(4) 在玻片标本的杂交部位加 150μL 封闭液 II，覆盖保鲜膜，37℃ 温育 20min。

(5) 去掉保鲜膜,加 150μL antiavidin 于标本上,覆盖新的保鲜膜,37℃温育 40min。
(6) 取出标本,将其放入已预热至 42℃～50℃的新洗脱液中,洗涤 3 次,每次 5min。
(7) 重复步骤(1)、(2)、(3),再于 2×SSC 中室温清洗一下。
(8) 取出玻片,自然干燥。
(9) 取 200μL PI/antifade 染液滴加在玻片标本上,盖上盖玻片。

5. 封片

可采用不同类型的封片液。如果封片中不含有 Mowiol(可使封片液产生自封闭作用),为防止盖玻片与载玻片之间的溶液挥发,可使用指甲油将盖片周围封闭。封好的玻片标本可以在 -70℃～-20℃的冰箱中的暗盒中保持数月之久。

6. 荧光显微镜观察 FISH 结果

先在可见光源下找到具有细胞分裂相的视野,然后打开荧光激发光源,FITC 的激发波长为 490nm。照相记录实验结果。

五、实验结果与分析

细胞被 PI 染成红色,而经 FITC 标记的探针所在位置发出绿色荧光。由于本实验使用的是 Y 染色体上的特异序列,因此在男性外周血染色体标本的杂交中呈阳性,即使在未分裂的细胞中,也可以观察到明显的杂交信号。

六、实验作业

完成实验报告。

思考题

1. 通过实验总结荧光原位杂交实验的技术关键。
2. 实验中会不会出现假阳性,为什么?

实验二十　小鼠骨髓细胞染色体的制备和观察

一、实验目的

1. 掌握空气干燥法制备动物骨髓细胞染色体标本的方法。
2. 了解小鼠染色体的数目及形态特点。

二、实验原理

小鼠（Mus musculus，$2n=40$）属于脊椎动物门，哺乳纲，啮齿目，鼠科，小鼠属。小鼠品种和品系很多，是实验动物中培育品系最多的动物。目前世界上常用的近交品系小鼠约有250多个，均具有不同的特征；同样突变品系也有350多个，不同品系的小鼠在基因定位、遗传病、肿瘤及比较遗传学的研究中均具有重要的理论和实际价值，在各种实验研究中，以小白鼠的应用最为普遍。

染色体是基因的载体，细胞内染色体的数目和结构是重要的遗传标志之一，制备染色体标本无疑是细胞遗传学最基本的技术，优良的染色体标本是其他现代高技术（如高分辨显带、原位杂交等）运用的先决条件。

染色体的制备原则上可以从所有发生有丝分裂的组织和细胞悬液中得到。动物染色体的制备最常用的途径是从骨髓细胞、血淋巴细胞以及组织培养的细胞制备染色体。骨髓细胞具有旺盛分裂能力的特性，经秋水仙素处理后，可使分裂相停留在有丝分裂中期，再经低渗、固定、滴片、染色等步骤，可得到很好的染色体标本。利用动物骨髓制作染色体取材容易，不需像血淋巴细胞或其他组织需要经体外培养，也不需无菌操作，操作比较简便，是生物学实验教学中常用的方法，也是医学临床上血液病研究的常用方法。在药品检验、环境监测、食品质量检测等方面以及某些化合物的致畸、致癌、致突变作用等领域中，利用骨髓制片的方法易于观察毒性对细胞和染色体的影响。对于小型动物，常将动物杀死取其股骨骨髓细胞；对于大型动物可以采取骨髓穿刺术获得红骨髓；对于一些珍稀的鸟类可采用羽髓来制片。

在骨髓细胞染色体制片中主要涉及以下两种技术：

（1）直接制片法。即直接从骨髓中取出细胞，直接制片观察。为了能得到更多处于分裂中期的染色体，常在动物实验前经腹腔注射一定量的秋水仙素。

（2）空气干燥法。指细胞经过秋水仙素处理、低渗处理、固定、滴片步骤后，使载玻片在空气中自然干燥的方法。

三、实验材料、器具及试剂

1. 材料：小鼠，体重 18～20g（60～90 日龄），雌雄皆可。
2. 器具：解剖器具、注射器（5mL）、离心管、玻璃吸管、载玻片、染色缸、玻片盒、量筒（10mL、50mL 各一支）、吸水纸、擦镜纸、酒精灯、火柴、温水浴箱、离心机、显微镜等。
3. 试剂：2%柠檬酸钠、0.1%秋水仙素、0.075mol/L 氯化钾、卡诺氏固定液（甲醇：冰醋酸＝3：1）、吉姆萨（Giemsa）染液、香柏油。

四、实验方法

1. 腹腔注射秋水仙素溶液：选择体重 18～20g 的健康小鼠，在实验前 2～3h 腹腔注射秋水仙素溶液（注射量按 1～2μg/g 的体重计算）。
2. 取骨髓细胞：用断颈法迅速将小鼠处死，通过解剖取出股骨，用注射器吸取 3mL 柠檬酸钠，将针头插入骨髓腔中冲洗骨髓，使冲洗液从股骨的另一端流到离心管中，直到股骨变白，对细胞液以 1000r/min 离心 10min。
3. 低渗：弃上清液，留 1mL 细胞液，加预热的（37℃）0.075mol/L 氯化钾液 5～6mL，用吸管吹打几次，然后把离心管放在 37℃恒温水浴中低渗 20min。
4. 预固定：低渗完毕，立即加 1mL 的新配制的固定液，用吸管将细胞轻轻吹打均匀，然后以 1500r/min 离心 10min。
5. 固定：弃去上清液，加 5～6mL 固定液，轻轻吹打细胞，静置 20min，然后以 1500r/min 离心 10min，弃去上清液，加 5～6mL 固定液再固定 20min。
6. 离心：再以 1500r/min 离心 10min。
7. 制备细胞悬液：弃上清液，加少许新配制的固定液，反复吹打均匀，制成细胞悬液。
8. 滴片：取预冷湿载玻片一张，用吸管吸取细胞悬液，从 30cm 左右的高度滴到载玻片上，再用口吹散滴液，置于酒精灯上稍微烤一下，最后放在玻片架或玻片盒中晾干。
9. 染色：将晾干的玻片放入盛有吉姆萨染液的染色缸中，或将玻片平放于桌上，将染液滴在片上染色。染色 10min 后，用蒸馏水或自来水小心冲去染液，自然晾干。
10. 镜检：先用低倍镜找到好的分裂相区域，然后转用高倍镜观察，选取良好的视野照相。

五、实验结果与分析

一个优良的动物骨髓细胞染色体制片应该是：包含全部染色体，各个染色体分散均匀且互不重叠，染色体长度适中，能清晰地显示出着丝点位置。

小白鼠的染色体数目为 $2n=40$ 条，全部为近端着丝粒染色体，形态呈"U"型（图 20-1）。其中 19 对为常染色体，1 对为性染色体，雌性为 XX，雄性为 XY。雄性有 3 条最短的染色体（19 号和 Y 染色体），而雌性小鼠只有 2 条最短的染色体。

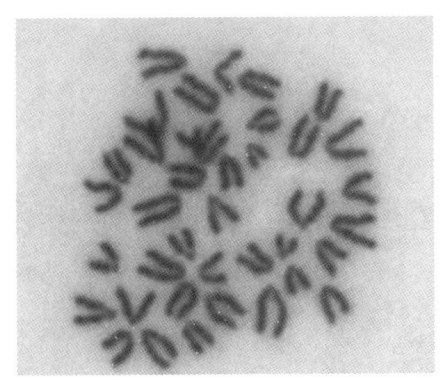

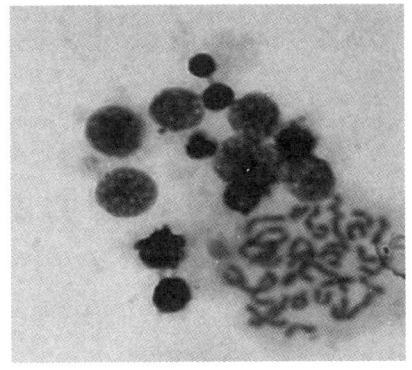

图 20-1　小鼠骨髓细胞有丝分裂中期染色体

六、实验作业

1. 制作小鼠骨髓细胞染色体制片两张,其中一张染色观察,另一张放在干燥器中干燥备用。
2. 观察小鼠骨髓细胞染色体并绘出染色体核型图,完成实验报告。

思考题

1. 要获得较好的有丝分裂相标本需注意哪些实验环节?
2. 本实验中秋水仙素、低渗液、固定液各起什么作用,低渗液在使用过程中应注意什么问题?

【注意事项】

1. 固定液要现配现用。
2. 低渗是染色体制备的关键环节,通过低渗细胞发生破裂,便于染色体的分散。低渗时间过长,易造成染色体的丢失;时间过短,细胞没破裂,染色体没分散并重叠在一起。
3. 腹腔注射秋水仙素溶液时,注意不要让针头损伤动物内脏。
4. 如细胞量过少,可只固定一次。

实验二十一　小鼠骨髓细胞染色体的分带技术

一、实验目的

1. 了解染色体 G 带和 C 带制备的基本原理。
2. 掌握染色体 G 带和 C 带的染色技术。

二、实验原理

染色体分带是 20 世纪 70 年代发展起来的技术，它借助特殊的染料及染色程序，使染色体的一定部位呈现深浅不同的带纹，可用来鉴别染色体组、单个染色体以及深入认识染色体的结构与功能。因此无论在遗传学的研究领域，还是在遗传病的诊断、动植物育种等方面，染色体分带都是很有用的技术。

根据染色方法的不同可以分为 Q、G、C、R、N、T 等几种类型的带，这些带型可分成两类，一类分布于整个染色体，如 Q、G、R；另一类只在特殊部位显带，如 C、N、T。

G 带的形成与 Giemsa 染料的组成及染色特性有关，Giemsa 开头第一个字母为 G，所以称 G 带。Giemsa 染料是由亚甲蓝、天蓝和伊红组成的复合染料，除伊红外，均为噻嗪类染料，它只与 DNA 中的磷酸基团结合而不与蛋白质结合，所以染色体着色首先取决于两个噻嗪分子与 DNA 的结合，在此基础上结合一个伊红分子，形成 2:1 噻嗪—伊红沉淀物。染色体着色其次取决于一个有助于染料沉淀物积累的疏水环境。染色体上含有高浓度疏水性蛋白的区域有利于噻嗪—伊红沉淀物的形成，这些区域相当于含高比例二硫键的氧化态蛋白质区域，经一系列处理后显示暗带，而另一些区域（明带区）则含有巯基的还原态蛋白质，为亲水性蛋白质，对染料亲和力差，所以不显带。这表明在 G 带形成过程中，蛋白质状态是一个主要因素，这与染色体的功能有关。如果染色体上某一区域的 DNA 为重复序列，转录活性低，相应地包装它们的蛋白质也较稳定，可能通过较强二硫键形成很稳定的 α-螺旋结构，成为染料沉淀物积累的环境，从而显示暗带。反之，如果染色体上某一区域的 DNA 富含转录活性的结构基因，则功能上相对活跃，包装它们的蛋白质也较疏松，构象上类似 β-折叠结构，经处理后，二硫键断裂，还原为巯基，成为亲水性蛋白，不利于染料沉淀物的积累，所以着色浅，显示明带。G 带有很多优点：染色是永久性的，标本可以较长时间保存，带纹分析通常较好，用普通光学显微镜即可观察。

C 带技术借助特殊的处理程序，显示着丝粒处及其他部位的结构异染色质（constitutive heterochromatin），由此得名。DNA 分子经酸、碱、盐处理可以发生不同的变化，酸处理可以使 DNA 分子脱嘌呤;碱处理可以使 DNA 变性及溶解;盐处理可以使 DNA 骨架断裂并使断片溶解。在 C 带显带的过程中,染色体臂的 DNA 被酸、碱、盐选择性地破坏了,着色较浅,而 C 带区的 DNA 富含组蛋白,比富含非组蛋白的染色体臂的 DNA 结构紧密,从而保护了 C 带区的异染色质免受酸、碱、盐的破坏,使其容易着色,从而产生了 C 带。C 带具有物种和染色体特异性,即每条染色体上带的数目、部位、宽窄及浓淡均具有相对的稳定性,可被用来更加有效地鉴别染色体和研究染色体的结构和功能。其优点是:准确性高、能使特殊的异染色质染色,可用来进行性别鉴定。

三、实验材料、器具及试剂

1. 材料:小鼠骨髓细胞染色体标本。
2. 器具:恒温水箱、显微镜、冰箱、染缸、温度计、镊子、量筒、烧杯、玻棒。
3. 试剂:GKN 溶液(葡萄糖 1g、KCl 0.4g、NaCl 8g、NaHCO$_3$ 0.35g,加蒸馏水至 1000mL)、0.25% 胰蛋白酶溶液(250mg 胰蛋白酶溶于 100mL GKN 溶液中)、pH6.8 磷酸缓冲液、0.2mol/L HCl、5% Ba(OH)$_2$ 溶液、2×SSC 溶液(NaCl 17.54g,柠檬酸钠 8.82g,加蒸馏水至 1000mL)。

四、实验方法

(一)G 带技术

1. 将老化 3~7d 的染色体标本置 37℃ 的烘箱中处理 2~3h。
2. 取预处理过的染色体标本浸入 37℃ 的 0.25% 胰蛋白酶溶液中 3~15s,迅速取出。放入 GKN 溶液中漂洗 10s,以洗去玻片上的胰蛋白酶。
3. 取出标本,甩去多余水分,放入 Giemsa 染液中染色 10~20min。
4. 自来水冲洗,冲洗掉多余的染液,晾干。
5. 镜检:低倍镜下找到分散好的细胞中期分裂相,换油镜仔细观察 G 带。染色体上若出现清晰的深浅相间的带型,即为可取标本。

(二)C 带技术

1. 常规空气干燥法制备的染色体标本。
2. 将老化 3~7d 染色体标本在室温下用 0.2mol/L HCl 处理 30~60min。
3. 用自来水冲洗 3 次,洗去多余的 HCl。
4. 将洗好的标本片放入 50℃ 5%Ba(OH)$_2$ 的染缸中保温 10~15min。
5. 用自来水冲洗,洗去多余的 Ba(OH)$_2$。
6. 将标本放在 60℃~65℃ 的 2×SSC 溶液中处理 60~90min。
7. 用自来水冲洗,在空气中干燥。
8. Giemsa 染液中染色 10~20min。
9. 用自来水冲去染液、晾干。

10. 低倍镜下找到分散好的细胞中期分裂相,换油镜仔细观察 C 带特点。如着丝粒区域或异染色质部位、次缢痕及 Y 染色体深染、染色体其他部位浅染,即为可取标本。

五、实验结果与分析

经一系列处理后,G 带和 C 带显带正常表现为:染色体带纹染色较深,呈深红色,非带区为浅红色,呈透明或半透明状,细胞质不染色。G 带带纹分布在整个染色体上,C 带主要分布在着丝粒区。图 21-1、图 21-2 分别为人类染色体 G 带和 C 带,以供参考。

图 21-1　人染色体 G 带核型　　　　图 21-2　人染色体 C 带核型

六、实验作业

1. 制备一张质量较高的 C 带或 G 带制片。
2. 分析小鼠骨髓细胞染色体的 C 带或 G 带带型,完成实验报告。

思考题

1. C 带制备中老化、酸、碱、盐在各步处理中的作用是什么?
2. C 带技术和 G 带技术原理的异同点是什么?

【注意事项】

1. Geimsa 原液的存放期至少在半月以上。
2. 自来水冲洗时,水流一定要小,否则染色体可能被水冲掉。
3. Giemsa 染色不宜过深,否则影响 C 带结果。
4. G 带技术中染色体标本一定要放在 37℃ 的烘箱中处理数小时。
5. 胰蛋白酶的质量、批号、浓度、温度、处理时间和标本的片龄与 G 带染色的质量有关,需要在预实验中逐渐摸索。
6. 在 C 带技术中,若观察到染色体均呈白色,可能是碱处理或 2×SSC 处理过度了。
7. C 带技术中准确控制酸、碱、盐处理的温度和时间。

实验二十二　植物多倍体细胞的诱发及鉴定

一、实验目的

1. 掌握人工诱发多倍体植物的原理、方法及其在植物育种上的意义。
2. 观察多倍体植物，鉴别植物染色体数目的变化及引起植物其他器官的变异。

二、实验原理

多倍体的诱发作用是由于药物(秋水仙素)抑制了纺锤丝的形成，每个染色体纵裂为二以后，不能向两极分开，细胞不能分裂成两个细胞，使每个细胞染色体加倍，若染色体加倍的细胞继续分裂，就形成多倍性的组织，由多倍性组织分化产生的性细胞，所产生的配子是多倍性的，因而也可通过有性繁殖方法把多倍体繁殖下去，便形成多倍体细胞。

鉴定多倍体：①经秋水仙素溶液处理的根尖、茎尖直接进行染色体计数。②多倍体植株形态巨大，花粉粒和气孔的增大作为染色体数目加倍的指标。

三、实验材料、器具及试剂

1. 材料：洋葱($Allium\ cepa$，$2n=2x=16$)、蚕豆($Vicia\ faba$，$2n=2x=12$)、大麦($Hordeum\ vulgare$，$2n=2x=20$)或其他植物种子。

2. 器具：显微镜、生化培养箱、冰箱、天平、镊子、解剖针、刀片、载玻片、盖玻片、烧杯、量筒、滴瓶、吸管、吸水纸。

3. 试剂：升汞、秋水仙素水溶液、卡诺氏固定液、95%酒精、冰醋酸、盐酸、碘化钾、改良苯酚品红染色液。

四、实验方法

(一)植物多倍体的诱发

1. 洋葱材料的处理：剪除洋葱老根，然后置于盛满清水的烧杯上进行水培，新根长出后，将洋葱移至0.05%～0.1%秋水仙素溶液中处理至根尖膨大。取出水洗，切下根尖，卡诺氏固定液固定 10~20h，换入 70%的酒精溶液中，置于 4℃冰箱中保存备用。

2.处理种子：先将种子用 0.1%~0.2%升汞消毒 10min，用清水洗净，置于铺有湿滤纸的培养皿或沙盘中发芽。当根长至 1cm 时，取出洗净吸干，用 0.1%秋水仙素溶液浸根，至根尖膨大。取出水洗，切下根尖，卡诺氏固定液固定 10~20h，换入 70%的酒精溶液中，置于 4℃冰箱中保存备用。

3.处理幼苗或成株：有些植物的种子耐药性差，可选择处理幼苗的方法。由于秋水仙素只对分裂细胞发生作用，可处理茎尖、侧芽或顶端生长点。如西瓜苗，当西瓜幼苗子叶展平时，每日早晚用 0.2%的药液滴浸生长点各一次，每次一滴，连续四天。以后长成的植株就是多倍体植株，得到种子后可进行染色体数目的鉴定。对于成株烟草，将蘸有 0.2%秋水仙素的棉球置放于烟草顶芽、腋芽的生长点处，并且经常滴加清水保持药液浓度。

处理幼苗或成株的生长点所需时间在 24~28h 之间，处理后将植株上残存药液充分洗净，待进一步生长后，进行观察和鉴定。

（二）植物多倍体的鉴定

1.细胞学鉴定

（1）酸解

从 70%乙醇中取出固定好的根尖，流水冲洗 3min，用吸水纸吸干后，放入盛有 1mol/L HCl 的小烧杯中，60℃±0.5℃水浴保温 8min。

（2）染色

解离后材料用水洗 3min 并吸干，切取根尖 1mm 于载玻片上，夹碎捣烂，滴加 1~2 滴苯酚品红染色 8~10min。

（3）压片

在经染色的材料上加一滴染液，盖上盖玻片，覆一层吸水纸，用带橡皮头的铅笔垂直敲打，或以拇指垂直紧压盖片（注意勿使盖片搓动），使材料分散压平，便于观察。

（4）镜检

经显微镜观察，找到染色体分散良好、染色体形态清楚的细胞，换高倍镜观察染色体数目。

2.形态鉴定

将秋水仙素溶液处理后的种子用清水洗净，然后盆栽。同时盆栽未经处理的种子作为对照。待长成植株后，观察多倍体和二倍体植株在形态上的主要区别。

3.气孔鉴定

将多倍体和二倍体植株叶片下表皮撕下，在显微镜下观察，用测微尺测量多倍体和二倍体植株气孔和保卫细胞的大小。并统计气孔数目，各观察 10 个视野，计算气孔密度，求平均值。

4.花粉鉴定

分别采集多倍体和二倍体植株的花粉，并放入 45%的醋酸中，用吸管分别吸取一滴花粉粒悬浮液到载玻片上。滴上碘化钾溶液,盖上盖片,制成花粉粒装片。然后镜检多倍体及二倍体植株花粉粒的形态,并用测微尺测量30个花粉粒的大小,计算平均值。

五、实验结果与分析(表 22-1,图 22-1、22-2)

表 22-1 多倍体和二倍体性状指标

项目	染色体数目	气孔大小(长×宽)	保卫细胞(长×宽)	气孔密度	花粉粒大小	花粉粒形态
二倍体						
多倍体						

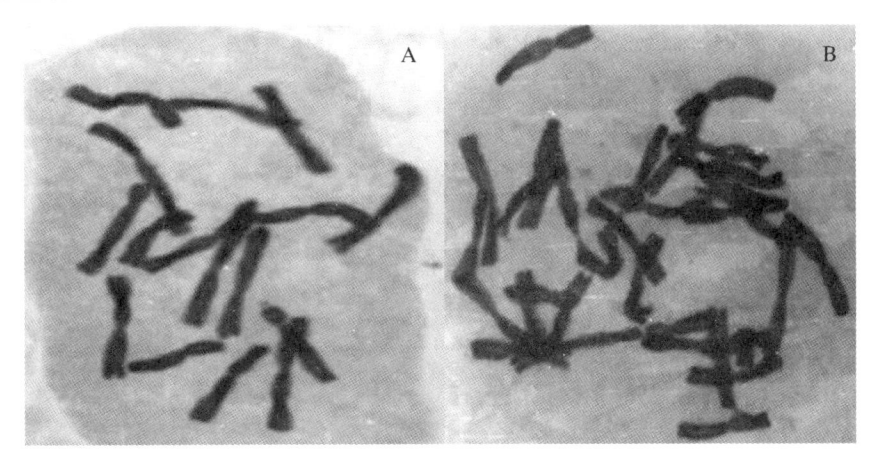

图 22-1 洋葱二倍体和四倍体细胞染色体数目比较
A:$2n=2x=16$;B:$2n=4x=32$

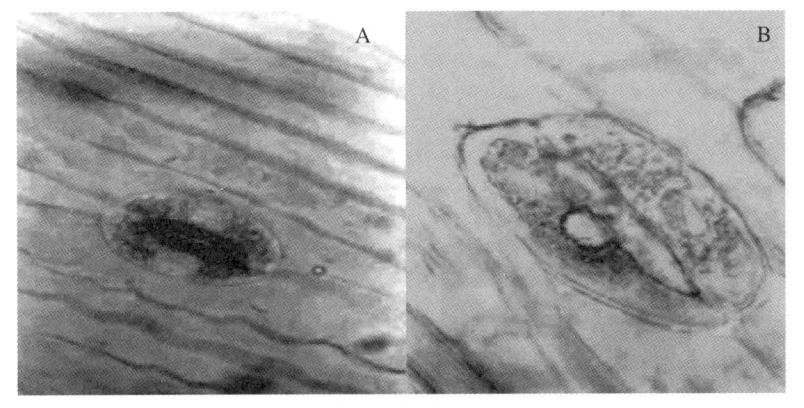

图 22-2 百合二倍体和多倍体植株气孔大小比较(引自:刘静,等.2011)
A:二倍体气孔(140×);B:多倍体变异株气孔(140×)

六、实验作业

1. 完成一张多倍体和二倍体染色体制片。
2. 对实验结果进行分析和讨论,并完成实验报告。

思考题

1. 与对照组相比,处理后的植物有哪些不同特征?
2. 说明秋水仙素诱发多倍体的原理是什么?

【注意事项】

1. 秋水仙素处理时间应根据供试材料的细胞周期而定,当处理时间介于供试材料细胞周期的一倍到两倍之间时,可观察到细胞由二倍体变为四倍体,当处理时间多于供试材料细胞周期的两倍以上时,供试材料的细胞可从四倍体变为八倍体,因此,在培养多倍体细胞时,应注意秋水仙素的处理时间。此外,秋水仙素的浓度对处理效果也有影响,应注意掌握。

2. 多倍体细胞中染色体的形态有两种,一种为一条染色体含有一条单体,另一种为一条染色体含有两条单体,应注意观察,并思考其形成原因。

3. 秋水仙素为剧毒药品,实验中应注意不要将药品沾到皮肤上、眼睛中。如果沾到皮肤上,应用大量自来水冲洗。

4. 秋水仙素溶液配制:取秋水仙素1g(先用少量95%乙醇助溶),溶于250~500mL蒸馏水中,配成浓度为0.2%~0.4%秋水仙素溶液,于冰箱中保存。

实验二十三 环境对果蝇基因表达的效应

一、实验目的

1. 观察温度对果蝇有关性状的影响。
2. 了解基因与环境相互作用的原理。

二、实验原理

生物体的表型是生物体遗传组成和其生存环境共同作用的结果。果蝇卷曲翅基因的表达常受到环境的影响,通过观察该基因在不同环境下的表达情况,即可显示环境对基因表达的影响。卷曲翅基因(cu)对温度敏感,纯合体(cu/cu)果蝇在高温下培养时翅膀顶端弯曲(图 23-1),但同样基因型的果蝇在低温下培养时部分个体具有直翅膀,因此可以说 cu 等位基因的外显率(penetrance)是不完全的。另一方面,特别是在低温下培养的果蝇翅膀表现出不同程度的卷曲,这样可以说该基因的表现度(expressivity)是变化的。cu 基因的外显率和表现度还根据性别而变化。

卷曲翅(雌)   半卷曲翅(雄)

图 23-1 果蝇的卷曲翅和半卷曲翅(引自王建波等)

三、实验材料、器具和药品

1. 材料:弯翅果蝇。
2. 器具:恒温培养箱、立体解剖镜、培养瓶及麻醉瓶。
3. 药品:果蝇培养基、乙醚。

四、实验方法

1. 从保种的弯翅果蝇(基因型为 cu/cu)培养瓶中建立 5 种培养体系,雌蝇不要求是处女蝇。初始培养温度均为 25℃,一直培养到化蛹。这样可以加速实验进程,温度对 cu 基因表达的影响仅发生在孵化前的发育阶段。

2.释放亲本果蝇,于 16℃、20℃、25℃、28℃、30℃下继续培养子代果蝇。

3.在果蝇成虫出现后,对其进行麻醉,并分别观察雌、雄果蝇翅膀的形态。可将翅膀分成 3 类,即卷曲翅、半卷曲翅、直翅(自行确定标准,但在实验过程中必须应用同样的标准)。

五、实验结果与分析

1.将观察数据填入表 23-1。

表 23-1 不同温度下孵化的果蝇(cu/cu)翅膀形态统计

	16℃		20℃		25℃		28℃		30℃	
	雌	雄	雌	雄	雌	雄	雌	雄	雌	雄
卷曲翅										
半卷曲翅										
直翅										
总数										
外显率(%)										
表现度(%)										

2.计算外显率和表现度

$$外显率 = \frac{受影响的果蝇(卷曲翅和半卷曲翅)数}{果蝇总数} \times 100\%$$

$$表现度 = \frac{卷曲翅果蝇数 \times 2 + 半卷曲翅果蝇数 \times 1}{受影响的果蝇数 \times 2} \times 100\%$$

六、实验作业

完成实验报告。

思考题

1.从温度对蛋白质结构与功能的影响角度分析本实验的结果。

2.如果本实验中 20℃下孵化出的直翅果蝇间相互交配,而后代幼虫和蛹在 30℃条件下生长,请预测成虫翅膀的形态。

【注意事项】

1.25℃下培养果蝇,待化蛹后,必须将成蝇释放干净,然后再于不同温度下分别培养。

2.在计算表现度时对性状进行了加权,卷曲翅果蝇计为 2,半卷曲翅果蝇计为 1,这样使结果综合成一个总的表现度。

实验二十四 大肠杆菌基因的互补测验

一、实验目的

1. 进一步理解基因的概念。
2. 掌握细菌基因互补测验的方法。

二、实验原理

基因是生物遗传物质的最小功能单位,基因是可分的。要确定一个基因的界限,不能依赖不同突变型之间的重组频率,而必须进行功能分析。通过突变体的互补作用进行互补测验来确定基因的界限。

所谓互补作用是指两个突变型染色体同处于一个细胞,由于相对应野生型基因的互相补偿而使其表型正常化的作用。如果说重组是 DNA 分子之间直接相互作用的话,那么互补则是在基因表达水平上的作用。互补测验有两个基本条件:①两个突变型染色体同处在一个细胞形成二倍体或部分二倍体;②这两个突变型染色体之间不发生重组或者只发生可忽略不计的极少重组。

互补作用可以用来确定两个突变是属于同一基因还是属于不同的基因。如果是同一基因内两个不同位点的突变,它们就不能互补;如果是不同基因的突变则是互补的,此为基因间互补。

本实验进行乳糖发酵基因的互补测验。大肠杆菌 $lacZ^-$ 突变型、$lacY^-$ 突变型、$lacA^-$ 突变型,它们的表型效应均属于 lac^- 突变。将这三种 lac^- 突变彼此进行功能等位性互补测验,Z^- 和 Y^- 所有突变型互补,Z^- 和 A^- 所有突变型互补。测定结果表明 Z、Y、A 是大肠杆菌乳糖操纵子三个不同的结构基因。

由于重组两个突变型也可产生原养型,因此基因互补必须排除重组的发生。本实验采用带有已知 $lacZ$ 或 $lacY$ 突变的重组缺陷型 $recA^-$ 作为受体菌,将未知的 $Flac^-$ pro^+ 转入细胞进行互补测验。同时也降低菌液的浓度,减少重组的发生。

三、实验材料、器具及试剂

1. 实验材料:大肠杆菌($E.\ coli$)菌株。

受体菌:FD 1007 F^- trp $lacZ$ thi $strA$ $recA$

FD 1008 F⁻ *lacY thi strA recA*
供体菌：CSH 40 F'*lacY proA⁺B⁺*/△(*lac pro*)*thi*
CSH 14 F'*lacZ proA⁺B⁺*/△(*lac pro*)*thi supE*

2. 器具

恒温水浴锅、振荡混合器、高压灭菌锅、分光光度计、三角瓶、移液管、培养皿、小试管。

3. 试剂

LB 培养液(5mL/试管)16 支，无菌生理盐水(4.5mL/试管)36 支，含链霉素、乳糖和色氨酸的基本培养基平板 12 皿，乳糖 EMB 链霉素培养基平板 16 皿，基本缓冲液 250mL，β-ONPG 溶液(4mg/mL)4mL。

四、实验步骤

1. 将供体菌和受体菌分别接入 5mL LB 培养液中，37℃振荡培养过夜。
2. 按表 24-1 的组合将供体菌与受体菌按 1:1 混合于无菌试管中，置 37℃轻摇 30min。

表 24-1 供体菌与受体菌互补方式

菌株	CSH40	CSH14
FD1008		
FD1008		

3. 将 4 组混合物分别稀释至 10^{-5}；各取 10^{-4}、10^{-5} 稀释液 0.1mL 分别涂布在含链霉素和色氨酸平板上，同时取供体菌和受体菌液 0.1mL 分别涂在以乳糖作为唯一碳源的基本培养基(含 V_{B1})平板上作为对照，置 37℃培养 2d。

4. 观察平板上长出的菌落并计数。从 4 种互补实验平板上各随机挑选几个菌落，分别在 EMB 乳糖平板上划线分离，将平板置于 37℃培养 2d。

5. 观察 EMB 乳糖平板上长出的菌落是否有分离现象。

6. 将 4 种实验菌株及 EMB 乳糖培养基上长出的互补菌落(共 12 株)分别接种在含乳糖的 5mL LB 液体中，置 37℃振荡培养过夜。

7. 过夜培养物经 $4000 \times g$ 室温离心 10min，去上清液；用基本缓冲液洗涤菌体后制成悬浮菌液，调节细胞密度至 $OD_{600} \approx 0.3$。取 1mL 菌液，加 1 滴甲苯，立即振荡 10s，打开试管置 37℃摇动 40min 以除去甲苯，然后在 37℃水浴中按以下程序进行 β-半乳糖苷酶的定量测定。

取 1mL 经上述处理的菌悬液，加入 0.2mL β-ONPG(O-nitrophenyl β D galactoside 邻硝基苯，β D-半乳糖苷贮藏浓度为 4mg/mL，溶液应为无色)轻轻摇动 5min 后再加入 0.5mL Na_2CO_3(1mol/L)终止反应。取出反应混合物用分光光度计测定 OD_{420} 值，比较各菌株的测定值。

五、实验结果与分析

将实验结果填入表 24-2 中。

表 24-2　几个实验菌株互补测验结果

实验菌株	CSH40			CSH14		
	互补	菌悬液浊度	酶活力	互补	菌悬液浊度	酶活力
FD1008						
FD1008						

六、实验作业

1. 记录菌落生长情况。
2. 观察培养基上的单菌落是否有分离现象,分析出现分离的原因,并完成实验报告。

思考题

1. 进行互补测验的基本条件是什么？如何满足这些条件？
2. 能互补的菌落在 EMB 平板上划线,为什么出现分离现象？
3. 本实验中哪两个菌能够互补,哪两个不能互补,判断的依据是什么？

【注意事项】

进行互补测验的菌悬液中细胞密度应保持低浓度,因为高浓度会导致重组发生。

实验二十五 大肠杆菌杂交与基因定位

一、实验目的

1. 了解大肠杆菌杂交过程以及筛选重组子的方法。
2. 掌握大肠杆菌接合及其染色体基因定位的原理和方法。

二、实验原理

大肠杆菌染色体呈环状。Hfr 是在大肠杆菌染色体上整合了 F 因子,借助 F 因子的转移高效转移供体基因并与受体基因发生重组,因此成为高频重组菌株。当 Hfr 细菌与 F⁻ 细菌细胞发生接合(即杂交)时,Hfr 细胞(供体菌)的染色体从 Hfr 细胞向 F⁻ 细胞内转移。由于染色体的转移具有一定的方向性,并且可以随时中断,因此,根据接合后 F⁻ 细菌(以重组子形式选出)中 Hfr 细菌染色体基因出现次数的多少,即可得知基因转移的先后顺序,也就是说基因在染色体上排列的顺序。转移时,靠近转移起始点的染色体基因进入 F⁻ 细胞的机率大,重组频率高;远离转移起始点的基因进入 F⁻ 细胞的机会少,重组率低,F 因子大部分位于转移起始点相对的一端(末端),因此转移的频率很低。只有当接合时间很长,足以使整个染色体转入 F⁻ 细胞(受体)时,才会使 F⁻ 细胞转变为 Hfr 或 F⁺ 状态。

基因定位时首先要从 Hfr 与 F⁻ 细菌的混合培养物中筛选出某一 Hfr 与 F⁻ 细菌基因(选择性标记基因)已经发生了重组的细菌(重组子),然后在这些重组子中逐个测定其他的 Hfr 基因(非选择标记)出现的次数。Hfr 菌株染色体上的选择性标记应位于染色体前端,这样才能保证以 100% 的频率出现在重组子中。选择性标记之后的基因,则以低于 100% 的频率出现在重组子中。F⁻ 细胞的选择性标记应起到排除 Hfr 菌生长的作用(即反选择)。本实验使用的 F⁻ 菌株为 Str^r,Hfr 菌为 Str^s,借此可排除 Hfr 菌的生长。另一方面为保证 Hfr 基因有机会出现在重组子中,反选择性标记应位于染色体后端。为了使 Hfr 菌株有较高的接合频率,F⁻ 细菌应该过量以保证每一个 Hfr 细菌都能与 F⁻ 细菌接合(10~20∶1)。

杂交实验有多种不同方法,这里介绍的是直接混合培养和液体培养。直接混合培养法操作简单,适用于确定两个菌株间能否杂交或测定重组频率的高低,而液体培养适宜于细菌的基因定位。

三、实验材料、器具及试剂

1. 材料

大肠杆菌(*Escherichia coli*),供体菌:Hfr(野生型,对链霉素敏感)

受体菌:$F^-\ leu^-\ lac^-\ ade^-\ gal^-\ trp^-\ his^-\ arg^-\ met^-\ ilv^-\ str^r$

2. 器具

振荡培养箱、恒温培养箱、高压蒸汽灭菌锅、超净工作台、酒精灯、微量移液器、记号笔、涂布器。

3. 试剂

LB液体培养基、LB固体培养基、液体基本培养基、固体基本培养基、选择培养基。

四、实验方法

1. 用接种环从冰箱保存的斜面菌种或冷冻菌液中挑取少量供体菌和受体菌,分别接种在装有5mL LB液体培养基的三角瓶中,置37℃、转速为260~300r/min的恒温振荡培养箱培养6~8h。

2. 取菌体浓度一致的供体和受体的活化菌液各1mL分别放入两个装有5mL LB液体培养基的三角瓶中,置37℃恒温振荡培养箱培养2h,各取0.1mL供体菌和受体菌分别涂布在链霉素选择培养基平板上,作为对照。

3. 调整培养受体菌的三角瓶中受体菌菌液体积为4.5mL,加入0.5mL供体菌,置37℃,转速为60~80r/min的恒温振荡培养箱,开始杂交。

4. 100min后,取上述杂交菌液0.5mL用生理盐水制备10倍、100倍的杂交稀释液。

5. 取杂交菌液和两种稀释液各0.1mL分别涂布在链霉素选择培养基平板上,三种浓度的菌液均重复涂布3个平板。

6. 对照和杂交菌液及杂交稀释液涂布的平板均放在37℃恒温箱培养,24h后可观察是否有细小菌落产生,48h后再观察一次。

7. 观察对照和杂交菌液及杂交稀释液涂布的平板上菌落生长情况。正常情况下,对照平板上没有菌落,而杂交菌液及杂交稀释液涂布的平板上应该有菌落出现。

8. 按表25-1配制选择培养基A~G,倒平板。

表 25-1　选择培养基的配制

培养基编号	选择性标记	基本碳源	基本培养基(A)中补充物质						
			str	*arg*	*ilv*	*met*	*leu*	*ade*	*trp*	*his*
A	*met leu str*	葡萄糖	+	+	+	−	−	+	+	+
B	(*met leu str*)*arg*	葡萄糖	+	−	+	−	−	+	+	+
C	(*met leu str*)*trp*	葡萄糖	+	+	+	−	−	+	−	+
D	(*met leu str*)*his*	葡萄糖	+	+	+	−	−	+	+	−
E	(*met leu str*)*lac*	乳糖	+	+	+	−	−	+	+	+
F	(*met leu str*)*gal*	半乳糖	+	+	+	−	−	+	+	+
G	(*met leu str*)*ade*	葡萄糖	+	+	+	−	−	−	+	+

9. 根据培养皿大小裁圆形纸,划线分出 100 个小格并按顺序编号。在每种选择培养基平板底面上贴一张。

10. 从杂交菌液及杂交稀释液涂布的平板上随机选择 100 个菌落,每个菌落用灭菌的牙签挑取少量细菌,分别接种在不同的选择培养基平板上相同序号的小格内。

11. 将所有选择平板置于 37℃ 恒温箱培养 48h。

12. 观察统计。

五、实验结果与分析

统计各种平板上生长菌落数,填入表 25-2。

表 25-2　各培养基平板上菌落数目统计

重复次数	[B]*arg*	[C]*trp*	[D]*his*	[E]*lac*	[F]*gal*	[G]*ade*
1						
2						
3						
4						
5						
6						
总数						
平均数						
重组率						

$$重组率(\%) = \frac{每组选择性培养基平板上菌落数}{占种总菌落数} \times 100$$

1. 在链霉素选择培养基上,受体菌虽为抗性菌,但因是营养缺陷型,因此不会出现菌落;供体菌为敏感型,也不会出现菌落。

2.根据各选择平板小格内是否长菌落,可以判定特定基因是否通过杂交转入受体菌,并发生重组。

六、实验作业

绘制出基因顺序图,完成实验报告。

思考题

1.不同营养缺陷型的大肠杆菌混合培养,在基本培养基上出现菌落,考虑这些菌落出现的原因。

2.供体菌和受体菌菌体浓度差异悬殊时,如何调整?

【注意事项】

1.接种、吸取菌液、稀释菌液、涂布平板和挑取重组子,必须在超净工作台中进行。

2.涂布器可以先浸泡于70%酒精中,使用前先过火,冷却后即可使用。

实验二十六　P_1噬菌体介导的普遍性转导

一、实验目的

1. 了解大肠杆菌普遍性转导的现象、原理和普遍性转导在细菌基因精确定位中的作用。
2. 掌握普遍性转导和基因定位的基本方法。

二、实验原理

大肠杆菌可以利用噬菌体为媒介，将供体细胞 DNA 转移给受体细胞，从而使受体细胞的基因型和表现型发生改变，这一过程称为转导。由噬菌体 P_1 和 P_2 等介导的转导，能够转移供体染色体上任何一个基因，称为普遍性转导；由 λ 噬菌体等为媒介的转导，只能转导半乳糖发酵基因等少数基因，称为局限性转导。

P_1 噬菌体的 DNA 的长度为 5.8×10^7 bp，大约相当于大肠杆菌染色体的 2%。在转导过程中，它的外壳中几乎只包装着寄主菌的染色体片断。假如大肠杆菌染色体的全长是 100 min，则 P 噬菌体外壳中包装的 DNA 片段最多可以带有相隔两分钟范围内的寄主基因。可以想象，包装时寄主染色体的断裂是随机的，两个基因相隔愈近，共转导的机率愈高。如果两个基因密切连锁，共转导的频率将接近 1；相距很远，其共转导频率就接近或等于 0。共转导频率 $(X)=(1-d/L)^3$，d 为以分钟计算的转导 DNA 的长度。利用这种关系可以进行两个距离很近的基因的定位，也可用来进行基因精细结构分析。位置非常接近的一系列拟等位突变位点也可以通过其转导测得它们的排列顺序。

由于转导的频率一般很低，大约每个感染细胞只有 $10^{-5}\sim10^{-4}$。因此常用的方法是选取某一选择性标记的转导子，然后测定另一基因的出现频率，根据公式计算，确定它们之间的连锁关系。

三、实验材料、器具及试剂

1. 材料

受体菌：CSH1F-*trp lacZ thi strA*；

供体菌：FD1009 $Hfr\ sup\ tsx$；

噬菌体 $P_1cml,clr100$ 裂解液（效价约为 10^9/mL）；

噬菌体 T6 裂解液。

2. 器具

生理盐水稀释管（4.5mL/支）、培养皿、三角瓶、试管、离心机、灭菌牙签、吸管、接种环、酒精灯。

3. 试剂

0.1mol/L $CaCl_2$、LB 液体（5mL/支）、半固体（3mL/支）和固体培养基、氯仿、乳糖色氨酸基本培养基、葡萄糖基本培养基、葡萄糖色氨酸基本培养基。

四、实验方法

（一）$P_1cml,clr100$ 裂解液的制备

1. 第一天，接种供体菌株于 LB 液体培养基中，30℃培养过夜。

2. 第二天，将供体菌液用 LB 培养液按 1∶5 稀释，30℃继续培养 2h。然后吸取 0.2mL 供体菌和 0.1mL·10^{-2} 的噬菌体原液（滴定度为 10^9/mL 左右，细菌和噬菌体数目比大约为 20∶1）与 3mL 半固体 LB 培养基混匀后，倒在 LB 固体培养基上，凝固后 37℃培养过夜。每组做 3～4 皿。其中有一皿不加噬菌体作为对照。

3. 第三天，当噬菌体充分增殖后，将平板表面的半固体培养基转移到无菌的三角瓶中，加入 5～10mL LB 液体培养基和几滴氯仿，剧烈振荡 20s 后离心（3000r/min，10min），上清液即为 $P_1cml,clr100$ 裂解液。

4. 将上清液移到无菌试管中，加入几滴氯仿，再次剧烈振荡 20s，于 4℃保存。

（二）$P_1cml,clr100$ 裂解液效价测定

1. 第三天，将 30℃培养过夜的供体菌用 10mL LB 培养液按 1∶5 稀释，30℃继续培养 3h。

2. 分别吸取 0.2mL 新鲜培养物加入 10 支干净无菌的试管中，编号。

3. 将待测噬菌体裂解液用 LB 培养液按 1∶10 进行梯度稀释。

4. 从每个稀释液中吸取 20μL 分别加入含供体菌的试管中，混匀。

5. 于每支试管中加入 3mL 预平衡在 50℃的 LB 半固体培养基，迅速摇匀后倒在 LB 固体培养基上，固化后 37℃培养过夜。每组十一皿，其中一皿不加噬菌体作为对照。

6. 第四天，统计不同浓度噬菌体裂解液的噬菌斑数，记录结果。计算 P_1 噬菌体的效价，即每毫升噬菌体原液中 P_1 噬菌体的数目（表 26-1）。

（三）转导

1. 第三天傍晚，接种受体菌株（CSH1）于 5mL LB 液体培养基中，30℃培养过夜。

2. 第四天,将过夜培养的受体菌用 LB 培养液按 1∶5 稀释,37℃培养 2~3h。

3. 在培养液中加无菌 $CaCl_2$ 溶液(终浓度为 $5×10^{-3}$ mol/L)。

4. 取滴定度约为 10^{10}/mL 左右的噬菌体裂解液,分别稀释 10^0、10^{-1}、10^{-2}、10^{-3} 倍。

5. 取噬菌体稀释液与受体菌各 1mL,加入一干净无菌的试管中混合。作为对照,其中一组应只加裂解液不加受体菌。

6. 37℃保温 20min,取出后离心 15min,3500r/min。弃去上清液,加入 1mL 无菌生理盐水重悬菌体。

7. 取 100μL 转导液涂布于乳糖色氨酸基本培养基(2 皿)和葡萄糖基本培养基(1 皿),37℃培养。以未经噬菌体处理的受体菌作对照,各涂 1 皿。同时将对照菌作梯度稀释,取 10^{-5} 及 10^{-6} 的稀释液分别涂布在色氨酸葡萄糖基本培养基上进行活菌计数。

8. 第六天,观察统计菌落生长情况,计算转导频率(表 26-2)。

(四)共转导测定

1. 第六天,取 0.1mL 滴定度为 10^9~10^{10} pfu 的 T6 噬菌体裂解液涂布在 LB 完全固体培养基上(2 皿),室温下待裂解液吸干。

2. 用灭菌牙签挑取 100~200 个在乳糖色氨酸基本培养基上长出的单菌落,点种在上述涂布 T6 噬菌体的培养基上,37℃培养。

3. 第七天,计数长出的菌落(表 26-3),计算共转导率。

五、实验结果与分析

1. P_1 噬菌体的效价测定。

表 26-1 不同稀释平板上出现的噬菌斑数

裂解液稀释度	10^0	10^{-1}	10^{-2}	10^{-3}	10^{-4}	10^{-5}	10^{-6}	10^{-7}	10^{-8}	10^{-9}	对照
第一组											
第二组											
…											
平均数											
噬菌斑数/mL											

2. 色氨酸和乳糖发酵基因的转导频率

表 26-2 不同培养基上转导子数量统计

培养基类型	转导标记	转导子数目/板	转导子数目/mL	受体菌数目/mL	转导频率*
[−]加葡萄糖	Trp				
[−]加乳糖+trp	乳糖				
[−]加葡萄糖+trp	活菌计数				

$$转导频率 = \frac{转导子数}{噬菌体裂解液效价} × 100\%$$

3.计算乳糖发酵基因和T6抗性基因的共转导频率,并计算乳糖发酵基因和T6抗性基因的图距。

表 26-3 共转导选择测定结果

组别	点种菌落数(a)	[＋]＋T6培养皿上长出的菌落数(b)	共转导频率
一			
二			
三			
…			
平均数			

共转导频率 $X=(b\div a)\times 100\%$

图距 $d=L(1-X^{1/3})$

六、实验作业

总结分析实验结果,完成实验报告。

思考题

1.普遍性转导及基因定位的基本原理是什么?

2.共转导基因的作图方法是什么?微核由于中断杂交和非中断杂交基因作图的方法是什么?

【注意事项】

1.实验前菌种要活化。

2.细菌的效价是实验中必做的过程。

实验二十七 大肠杆菌λ噬菌体的局限性转导分析

一、实验目的

1. 了解大肠杆菌λ噬菌体局限性转导的现象。
2. 掌握研究局限性转导的基本原理和方法。

二、实验原理

大肠杆菌λ噬菌体的 DNA,既可以自主存在于宿主菌中,也可以整合在细菌染色体中,完成溶源化过程。多数温和噬菌体整合进细菌染色体中时都有一个特定的位置。大肠杆菌λ噬菌体的原噬菌体附着在寄主染色体半乳糖操纵子基因 gal 和生物素合成基因 bio 之间,这一附着位置表示为 BOB',而 λ 噬菌体的附着位点表示为 POP'。BOB'和 POP'都有相同的"核心序列"区,由 15 个核苷酸组成,噬菌体 DNA 和细菌 DNA 就是通过 O 区的单交换而发生整合,形成溶源菌。当溶源菌中的原噬菌体λ被诱导出来时,大约 10^6 个 λ 噬菌体中有一个被反常切除,而携带半乳糖或生物素基因脱离寄主染色体。这种噬菌体除了带有染色体上半乳糖基因之外,还带有一部分噬菌体自身的染色体,因而被称为缺陷型半乳糖转导噬菌体(defective galactose),记为 λdgal。如果 λDNA 携带的是 bio,则为 λdbio 噬菌体。由 λdgal 噬菌体转导即是一种局限性转导,转导子大部分是一种不稳定的 $gal^-/gal^+(\lambda)$ 局部二倍体,或被称为不稳定的杂合因子。

三、材料、试剂和器具

1. 材料

溶源菌:$E.\ coli\ K_{12}(\lambda)gal^+$(染色体半乳糖基因旁整合含有 λ 原噬菌体)。
受体菌:$E.\ coli\ K_{12}Sgal^-$(为染色体上半乳糖基因缺陷型)。

2. 试剂

LB 液体培养基、LB 固体培养基、2×LB 液体培养基、0.8% 半固体琼脂、半乳糖 EMB 培养基、磷酸缓冲液(pH 7.0)、氯仿。

3. 器具

培养皿、三角瓶、试管、离心管、吸管、玻璃涂棒。

四、实验方法

(一) λ噬菌体的诱导和裂解液的制备

1. 第一天,取一环溶源菌接种于盛有 5mL LB 的三角瓶内,置 37℃培养 16h。
2. 第二天,取培养后的菌液 0.5mL 加入盛有 4.5mL LB 的三角瓶内,继续在 37℃培养 4~6h。
3. 将以上培养后的菌液移入离心管中,3500r/min 离心 10min,弃上清液,加入 4mL 磷酸缓冲液悬浮。
4. 取上述菌悬液 3mL 于灭过菌的培养皿中,紫外线照射 10~15s(15W,距离 40cm),使噬菌体由整合态转变为游离态。
5. 加入 3mL 2×LB 液体培养基,37℃避光培养 2~3h。
6. 将避光培养后的菌液移入离心管中,3500r/min 离心 10min,将上清液转入另一无菌的离心管中。
7. 在上清液再加入 0.2mL 氯仿(4~5 滴),剧烈振荡半分钟,静置 5min。
8. 将上清液转入另一无菌试管,4℃保存备用。

(二) λ噬菌体裂解液效价测定

1. 第一天,取一环受体菌接种于盛有 5mL LB 液体培养基的三角瓶内,37℃培养 16h。
2. 第二天,取 0.5mL 过夜培养的菌液,加入盛有 4.5mL LB 培养液的三角瓶内、37℃继续培养 4h。剩余的菌液留待转导试验用。
3. 把 λ噬菌体裂解液用 LB 液体培养基作 10 倍递增稀释至 10^{-7}。
4. 取受体菌和裂解液(10^{-6} 及 10^{-7})各 0.5mL,分别加在 LB 固体培养基平板上。立刻加入 3mL 预平衡(50℃)的 0.8%琼脂,迅速摇匀,铺平。凝固后置 37℃培养 24h。
5. 统计出现的噬菌斑数,计算 λ噬菌体裂解液的效价。

(三) 转导

1. 第一天,取 6 个半乳糖 EMB 培养基平板,其中 2 个培养皿仅加 0.1mL 裂解液(作为噬菌体对照),2 个培养皿中仅加 0.1mL 过夜培养的受体菌($K_{12}Sgal^-$),作为受体菌的对照。剩余 2 个培养皿加噬菌体裂解液和受体菌液各 0.05mL(若受体菌浓度较高可适当稀释)。
2. 6 个 EMB 培养基平板用灭菌玻璃棒涂布后,置 37℃培养 48h。为防止交叉污染,每类平皿用一支涂棒。
3. 第三天:观察并记录结果。

五、实验结果与分析

1. 统计每个平板上的噬菌斑数,计算裂解液的效价(表 27-1)。

表 27-1　噬菌体效价的测定结果

	10^{-6}	10^{-7}
第一组		
第二组		
…		
平均数		
噬菌斑数/mL		

$$噬菌体效价 = \frac{每平皿平均噬菌斑数 \times 稀释倍数}{取样量(0.5\text{mL})}$$

2. 统计涂布法转导结果,计算转导频率(表 27-2)。

表 27-2　细菌转导实验结果

	裂解液+受体菌 a		受体菌对照 b		裂解液对照 c	
	1	2	3	4	5	6
第一组						
第二组						
第三组						
…						
平均数						
转导率						

$$转导率 = \frac{(a\text{板菌落数} - b\text{板菌落数} - c\text{板菌落数}) \times 稀释倍数}{噬菌体效价 \times 裂解液体积} \times 100\%$$

六、实验作业

分析转导实验的结果,完成实验报告。

思考题

1. 避光培养后加氯仿的作用是什么?
2. 说明噬菌斑是怎么形成的。

【注意事项】

6个半乳糖 EMB 培养基平板涂布时,每类平板用一支涂棒,以防止交叉污染。

实验二十八　蛋白质 SDS-聚丙烯酰胺凝胶电泳

一、实验目的

1. 熟悉蛋白质 SDS-聚丙烯酰胺凝胶电泳的基本原理。
2. 掌握蛋白质 SDS-聚丙烯酰胺凝胶电泳的操作方法。
3. 了解 SDS-聚丙烯酰胺凝胶电泳的应用范围。

二、实验原理

蛋白质在高于或低于其等电点的溶液中为带电的颗粒，在电场中能向正极或负极移动。当溶液 pH 大于蛋白质等电点时，蛋白质带负电荷，在电场中向正极移动；反之则向负极移动，这种带电的颗粒在电场中泳动的现象称为电泳（electrophoresis）。不同的蛋白质由于等电点不同，在电场中的泳动速率也不同，因此应用电泳技术很容易实现对蛋白样本的分离与分析。

十二烷基硫酸钠-聚丙烯酰胺凝胶电泳（sodium dodecyl sulphate-polyacrylamide gel electrophoresis，SDS-PAGE）是目前用于测定蛋白质亚基分子量的常规方法。聚丙烯酰胺凝胶是由丙烯酰胺和交联剂 N,N'-甲叉双丙烯酰胺在引发剂（过硫酸铵）和增速剂（N,N,N',N'-四甲基乙二胺）的氧化-还原作用下聚合而成的。凝胶的有效孔径与它的总浓度 T% 成反比关系，在高浓度时，凝胶孔径小，可以筛分分子量小的多肽；低浓度时，凝胶孔径大，则可筛分大分子蛋白质。工作时，凝胶由浓缩胶和分离胶两部分组成，浓缩胶浓度低、孔径大，较稀的样品经过大孔径凝胶的迁移作用可被浓缩至一极窄的区带，以提高样品中各组分在分离胶中的分辨率。

SDS 是一种阴离子去污剂，能断裂蛋白质分子内和分子间的氢键，使分子去折叠。还原剂二硫苏糖醇（dithiothreitol，DTT）或巯基乙醇能使半胱氨酸残基之间的二硫键断裂。因此，在样本中加入 SDS 和还原剂后，蛋白质分子将被解聚为组成它们的多肽链，解聚后的氨基酸侧链与 SDS 充分结合，可形成带负电荷的蛋白质亚基-SDS 胶束，所带的负电荷大大超过了蛋白质原有的电荷量，这就消除了不同蛋白质分子之间原有的电荷差异。然而，蛋白质亚基-SDS 胶束的长轴长度与亚基分子量的大小成正比。因此，当这种胶束在 SDS-聚丙烯酰胺凝胶电泳时，迁移率不再受蛋白质分子原有电荷的影响，而主要取决于蛋白质亚基分子量的大小。当蛋白质的分子量在 15kD 到 200kD 之间时，电泳迁移率与分子量的对数呈线性关系。

蛋白质 SDS-PAGE 常用于蛋白质分子量的测定、蛋白质纯度的分析、蛋白质浓度的检测、免疫印迹(Western Blot)的第一步、蛋白质修饰及免疫沉淀蛋白的鉴定等。

三、实验材料、器具及试剂

1. 材料：蛋白质样品。

2. 器具：凝胶电泳装置、电泳电源、100℃沸水浴装置、Eppendorf 管、微量注射器、带盖塑料染色盒、摇床。

3. 试剂：丙烯酰胺(电泳级)、N,N'-甲叉双丙烯酰胺、Tris 碱、SDS、TEMED、过硫酸铵、DTT 或 α-巯基乙醇、甘油、溴酚蓝、甘氨酸、盐酸、考马斯亮蓝 R-250、甲醇、冰醋酸。30%丙烯酰胺储存液、4×分离胶缓冲液、10% SDS、4×浓缩胶缓冲液、1mol/L Tris-HCl (pH6.8)、10%过硫酸铵、10% TEMED、2×上样缓冲液、1mol/L 二硫苏糖醇(DTT)、1%溴酚蓝、5×电泳缓冲液、考马斯亮蓝染色液、考马斯亮蓝脱色液。

四、实验方法

1. 分离胶的灌制

(1)组装好凝胶模具，对于 Bio-Rad 微型凝胶系统，在上紧夹具之前，必须确保两块凝胶玻璃板和底部的封胶橡胶条紧密接触，避免漏胶。

(2)将 30%丙烯酰胺储存液与 4×分离胶缓冲液以及蒸馏水在一个小烧杯中混合。

(3)加入过硫酸铵和 TEMED 后，轻轻搅拌混匀(凝胶会很快聚合，操作要迅速)。

(4)将凝胶溶液用吸管沿长玻璃板壁缓慢加入制胶模具中，避免产生气泡。凝胶液加至约距前玻璃板顶端 1.5cm(距梳子齿约 0.5cm)，接着在分离胶溶液上轻轻覆盖约 1cm 高的蒸馏水以封胶。约 30min 后，若在分离胶与水层之间可见一个清晰的界面，表明凝胶已聚合。

2. 浓缩胶的灌制

(1)向一侧倾斜制胶模具，吸掉覆盖在分离胶上的水。将 30%丙烯酰胺储存液与 4×浓缩胶缓冲液及蒸馏水在小烧杯内混合，加入过硫酸铵和 TEMED，轻轻搅拌使其混匀。

(2)将浓缩胶溶液用吸管加至分离胶上面，直至前玻璃板的上缘。

(3)迅速将点样梳插入凝胶内，直至梳齿的底部与前玻璃板的上缘平齐。待凝胶聚合(约 30min)后，小心拔出点样梳。

3. 电泳

将 1×电泳缓冲液加入内外电泳槽，使凝胶的上下端均能浸泡在电泳缓冲液内。接通电源，上槽为负极，下槽为正极，80V 预电泳 3~5min。

将蛋白质样品与 2×上样缓冲液在 Eppendorf 管中混合，100℃加热 3~5min，离心 5~10s，用微量注射器或移液器将样品(弃沉淀)缓慢滴入凝胶梳孔中。继续低电压(80V)电泳至样品进入分离胶，再将电压调至 150V，保持恒压电泳，直至染料迁移至凝胶的底部(对于两块 6cm×8cm×0.75mm 的凝胶，约需 50min)。

4. 染色与脱色

电泳结束后，小心撬开玻璃板，凝胶便贴在其中一块板上。切去浓缩胶和某一胶角

（作标记）。将凝胶浸入考马斯亮蓝染色液中，置摇床上缓慢震荡 30min 以上（染色时间需根据凝胶厚度适当调整）。取出凝胶在水中漂洗数次，再加入考马斯亮蓝脱色液，震荡。凝胶脱色至大致看清条带约需 1h，完全脱色则需更换脱色液 2~3 次，震荡达 24h 以上。凝胶脱色后可通过扫描等方法进行蛋白质定量检测。

五、实验结果与分析

1. 按下式计算相对迁移率

$$相对迁移率 = \frac{蛋白样品距加样端迁移距离(cm)}{溴酚蓝区带中心距加样端距离(cm)} \times 100\%$$

2. 绘制标准曲线

以每个蛋白标准的分子量对数对它的相对迁移率作图，得标准曲线，量出未知蛋白的迁移率即可测出其分子量，这样的标准曲线只对同一块凝胶上的样品的分子量测定才具有可靠性。

六、实验作业

完成实验报告。

思考题

1. 蛋白质的分辨范围为什么与凝胶中丙烯酰胺的浓度有关？
2. 如何克服 SDS-PAGE 中遇到的条带弯曲畸变现象？

【注意事项】

1. 凝胶不聚合的可能原因：
(1) 试剂质量差，应使用电泳级别的试剂。
(2) 过硫酸铵和 TEMED 的量不够或失活，可增加剂量或重配新鲜的储存液。
(3) 凝胶聚合时温度太低，应以室温为宜。

2. 上样时，样品不能沉到加样孔底部，可能是上样缓冲液中甘油含量不足，或是加样孔底部留有聚合的丙烯酰胺。

3. 经过煮沸的样品虽然可以在 −20℃ 保存数周，但若反复冻融会导致蛋白质降解。从 −20℃ 取出的样本，上样前应先升至室温，确保 SDS 沉淀溶解。

4. 注意避免电泳条带弯曲畸变：(1) "微笑" 现象，可能是因为凝胶中间部分温度过高，降低电压便可得到改善。(2) "皱眉" 现象，常常是因为凝胶底部有气泡或聚合不均匀。(3) "拖尾"、"纹理" 现象，则多为样品溶解不佳，增加蛋白样品的溶解度并离心除去不溶性颗粒即可克服。(4) "晕轮" 效应（holo effect），多为加样过量所致。

5. 非特异性的染色主要是由于未溶解的染料的沉积而成，应将染料溶液过滤后再用。

实验二十九　PCR方法鉴定人类性别

一、实验目的

1. 了解 PCR 的基本原理,掌握 PCR 的基本操作技术。
2. 应用 PCR 方法进行人类性别的鉴定。

二、实验原理

PCR(Polymerase Chain Reaction,聚合酶链式反应)是一种选择性体外扩增 DNA 或 RNA 的方法,它包括三个基本步骤:(1)变性(Denature):目的双链 DNA 片段在 94℃下解链;(2)退火(Anneal):两种寡核苷酸引物在适当温度(50℃左右)下与模板上的目的序列通过氢键配对;(3)延伸(Extension):在 Taq DNA 聚合酶合成 DNA 的最适温度下,以目的 DNA 为模板进行合成。由这三个基本步骤组成一轮循环,理论上每一轮循环将使目的 DNA 扩增一倍,这些经合成产生的 DNA 又可作为下一轮循环的模板,所以经 25～35 轮循环就可使 DNA 扩增达 10^6 倍。

(一) PCR 反应中的主要成分

1. 引物:PCR 反应产物的特异性由一对上下游引物所决定。引物的好坏往往是 PCR 成败的关键。一般 PCR 反应中的引物终浓度为 0.2～1.0μmol/L。引物过多会产生错误引导或产生引物二聚体,过低则降低产量。

2. 四种三磷酸脱氧核苷酸(dNTP):一般反应中每种 dNTP 的终浓度为 20～200μmol/L。理论上 4 种 dNTP 各 20μmol/L,足以在 100μL 反应中合成 2.6μg 的 DNA。

3. Mg^{2+}:Mg^{2+} 浓度对 Taq DNA 聚合酶影响很大,它可影响酶的活性和真实性,影响引物退火和解链温度,影响产物的特异性以及引物二聚体的形成等。通常 Mg^{2+} 浓度范围为 0.5～2mmol/L。

4. 模板:PCR 反应必须以 DNA 为模板进行扩增,模板 DNA 可以是单链分子,也可以是双链分子,可以是线状分子,也可以是环状分子(线状分子比环状分子的扩增效果稍好)。就模板 DNA 而言,影响 PCR 的主要因素是模板的数量和纯度。

5. Taq DNA 聚合酶:一般 Taq DNA 聚合酶活性半衰期为 92.5℃ 130min,95℃ 40min,97℃ 5min。现在人们又发现许多新的耐热的 DNA 聚合酶,这些酶的活性在高温下可维持更长时间。Taq DNA 聚合酶的酶活性单位定义为 74℃ 30min,掺入 10nmol/L dNTP 到核酸中所需的酶量。

6.反应缓冲液:反应缓冲液一般含 10～50mmol/L Tris·HCl(20℃,pH8.3～8.8),50mmol/L KCl 和适当浓度的 Mg^{2+}。另外,反应液可加入 5mmol/L 的二硫苏糖醇(DDT)或 100μg/mL 的牛血清白蛋白(BSA),它们可稳定酶活性。各种 Taq DNA 聚合酶商品都有自己特定的一些缓冲液。

(二)PCR 反应参数

1.变性:在第一轮循环前,在 94℃ 下变性 5～10min 非常重要,它可使模板 DNA 完全解链。

2.退火:引物退火的温度和所需时间的长短取决于引物的碱基组成、引物的长度、引物与模板的配对程度以及引物的浓度。实际使用的退火温度比扩增引物的 Tm 值约低 5℃。通常退火温度和时间为 37℃～55℃,1～2min。

3.延伸:延伸反应通常为 72℃,接近于 Taq DNA 聚合酶的最适反应温度 75℃。一般在扩增反应完成后,都需要一步较长时间(10～30min)的延伸反应,以获得尽可能完整的产物,这对以后进行克隆或测序反应尤为重要。

4.循环次数:当其他参数确定之后,循环次数主要取决于 DNA 浓度。一般而言 25～30 轮循环已经足够。循环次数过多,会使 PCR 产物中非特异性产物大量增加。

采用聚合酶链式反应技术,可从分子水平上对人类性别作出鉴定。应用 Y3、Y4 引物能够扩增 Y 染色体长臂上的 *DYZ-1*,*DYZ-1* 基因位于 Y 染色体长臂。有关 Y 染色体长臂上 *DYZ* 基因的研究认为控制精子生长的基因位于 Y 染色体长臂远侧的常染色区,近年来,国内外已有研究提示:*DYZ* 基因参与精子生成过程,认为 *DYZ* 基因是决定精子生成的最佳候选基因之一,*DYZ* 基因在性别分化阶段具有作用。用引物 *DYZ-1A*,*DYZ-1B* 经 PCR 扩增后,男性有特异性长度为 670bp 的扩增产物,而女性则无该产物,结果可靠。用 PCR 法作性别鉴定具有简单、快速、灵敏度高的优点。

三、实验材料、器具及试剂

1.材料:人体毛囊细胞。

2.器具:移液器、硅烷化的 PCR 管、PCR 仪、电泳槽、电泳仪、凝胶成像系统、台式高速冷冻离心机、制冰机、冰箱、pH 计、电炉、微波炉、1.5mL 离心管架、1.5mL 离心管、0.5mL 离心管(EP 管)、各种型号吸头。

3.试剂:10×PCR 反应缓冲液(500mmol/L KCl,100mmol/L Tris·HCl,25℃,pH9.0)、$MgCl_2$(25mmol/L)、四种 dNTP 混合物(各 2.5mmol/L)、Taq DNA 聚合酶(5U/μL)、ddH_2O、1.5%琼脂糖、5×TAE、点样缓冲液、Golden View 染料或 0.01% EB。*DYZ-1A* 和 *DYZ-1B* 引物(2μmol/L)。

引物序列如下:

DYZ-1A 5′-AAT TTG AGC ATT CGT GTC CAT TCT-3′
DYZ-1B 5′-AAT GCC CTT GAA TTA AAT GGA CT-3′

四、实验方法

(一)模板制备

取一 0.5mL EP 管,加入 30μL ddH$_2$O,取一根带毛囊的头发,将毛囊端浸 ddH$_2$O 中,盖上 EP 管盖,100℃煮沸 10min,然后立即置冰上冰浴 10min,4℃,12000r/min 离心 5min,得上清液(DNA 模板)备用。

(二)PCR 扩增

1. 配制反应体系

10×PCR 反应缓冲液	2.5μL
25mmol/L MgCl$_2$	1μL
dNTPs	1μL
引物 DYZ-1A	0.5μL
引物 DYZ-1B	0.5μL
模板 DNA	2.5μL
Taq DNA 聚合酶(2U)	1μL
ddH$_2$O	补齐至 50μL

轻轻混匀,瞬时离心。

2. PCR 扩增

(1) 94℃预变性,5min

(2) 94℃变性,30s

(3) 65℃退火,30s

(4) 72℃延伸,1min

(5) 重复 2~4 的步骤,35 个循环

(6) 72℃继续延伸,10min

3. 电泳检测

取 10μL 扩增产物,与 2μL 点样缓冲液混合均匀,加入 1.5%琼脂糖凝胶加样孔中,以 DL2000 为 Marker DNA,在 1×TAE 电泳缓冲液中,50V 的条件下,电泳 1h,然后在凝胶成像系统下观察照相,检查反应产物及长度,观察是否出现特定长度的扩增片段。

五、实验结果与分析

男性中扩增得到约 670bp 的特异性片段,女性中没有这一片段。

六、实验作业

分析 PCR 扩增产物电泳检测结果,完成实验报告。

思考题

1. 退火温度对反应有何影响?
2. 延长变性时间对反应有何影响?
3. 循环次数是否越多越好?为什么?
4. 如果出现非特异性带,可能有哪些原因?

【注意事项】

1. PCR 非常灵敏,操作应尽可能在无菌操作台中进行。
2. 吸头、离心管应高压灭菌,每次吸头用毕应更换,否则会引起交叉污染。
3. 加试剂前,应短暂离心 10s,然后再打开管盖,以防手套污染试剂及管壁上的试剂污染吸头侧面。
4. 应设置阴性对照。

实验三十　随机扩增多态性 DNA 分析

一、实验目的

1. 了解 RAPD 分析的原理及其在遗传学研究中的应用。
2. 学习 RAPD 分析操作技术。

二、实验原理

遗传学研究的本质问题就是基因组的结构与功能。在目前对大量物种进行全基因组测序还难以实现的情况下，分子标记无疑是研究基因组结构的有效途径。最早检测到的 DNA 水平的变化是限制性片段长度多态性(RFLP)。然而，在过去几年中，聚合酶链式反应(PCR)极大地影响了分子生物学的几乎所有领域，对其基本程序加以改进后，可以开发出多种检测核苷酸水平上差异的方法。可惜的是这些方法大多需要预先知道 DNA 片段序列的一些信息，以设计合成目的序列两侧的引物，通过 PCR 选择性地扩增 DNA。

1990 年，两个科研小组各自独立地发表了一种检测核苷酸序列多态性的方法，这种方法以 PCR 为基础，但无需预先了解 DNA 序列的信息。从此随机扩增多态性 DNA (random amplified polymorphic DNA，RAPD)技术和任意引物 PCR(AP-PCR)技术广泛地用于遗传学和其他领域的研究中。RAPD 标记的产生是基于这样一种可能性，即一段与某单一引物(一般为 10 聚体引物)同源的 DNA 序列，有可能在 DNA 模板另一链上的不同位置上出现，这些位置之间的距离又处于可通过 PCR 进行扩增的长度范围，因此，当条件满足时，单个寡核苷酸引物就可以在 PCR 反应中介导 DNA 呈几何级数扩增。在实际操作中，当新用的引物为 10 聚体寡核苷酸时，每个引物通常可以产生几个(3~10)不连续的 DNA 产物。一般认为这些产物是由不同的遗传位点产生的。多态性的产生是由突变或重排造成的，这些变化可以发生在引物结合位点上，也可以位于引物结合序列之间。RAPD 技术的特点包括：①引物为随机设计引物，不需要知道研究对象 DNA 序列的信息；②用一个引物就可扩增出许多片段，是一种高效的 DNA 多态性检测方法；③技术简便，不涉及 Southern 杂交、放射自显影或其他；④只需少量 DNA 样品；⑤花费相对较低；⑥RAPD 标记一般是显性遗传(极少数是共显性遗传)，这样就可对扩增产物记为

"有/无",但这也意味着不能鉴别杂合子和纯合子;⑦最大的问题是重复性低、稳定性不高,这是因为在 PCR 反应中条件的变化会引起一些扩增产物的改变,但如果把条件标准化,还是可以获得重复结果的;⑧由于存在共迁移问题,在不同个体中出现相同分子量的谱带后,并不能保证这些个体拥有同一条同源的片段,因为所有的凝胶只能分开不同大小的片段,而不能分开碱基序列不同但长度相同的片段。RAPD 分析的基本步骤包括 DNA 分离、PCR 扩增、凝胶电泳、凝胶图像观察与分析。DNA 分离可采用前面实验中所介绍的方法,相对来说,RAPD 分析对 DNA 纯度和数量的要求不是很高,在每个 RAPD 分析中通常使用 10～100ng DNA,根据不同材料而定;PCR 扩增采用随机引物,具体扩增条件需根据研究对象的不同而有所调整;扩增后一般用 1% 左右的琼脂糖凝胶进行电泳,然后用紫外透射分析仪或凝胶成像系统对电泳结果进行观察分析。

三、实验材料、器具及药品

1. 材料:动植物基因组总 DNA(10～100ng)。
2. 器具:PCR 仪、电泳仪、琼脂糖凝胶电泳槽、梳子、紫外透射仪、微量移液器及吸头、无菌微量离心管(2mL、1.5mL、0.5mL、0.2mL)。
3. 药品试剂:

寡核苷酸引物(20μmol/L),灭菌双蒸水(ddH_2O),Taq 聚合酶,Taq 聚合酶缓冲液,MgCl_2(10mmol/L),2mmol/L dNTP 母液(×10dNTPs),矿物油,10×TBE 缓冲液,DNA Marker,凝胶上样缓冲液,溴化乙啶(10mg/mL)。

四、实验方法

1. 配制反应体系

成分	初浓度或含量	加入量
PCR 缓冲液	10×	2.5μL
MgCl_2	25mmol/L	1.5μL
引物	100ng/μL	1μL
dNTPs	10mmol/L	0.6μL
Taq 酶	5U/μL	0.2μL
DNA 模板	60ng/mL	1μL
ddH_2O		18.2μL
总体积		25μL

为了操作方便,可将各成分先进行混合,再分装到 0.2mL PCR 管中。

2. PCR 扩增

一般按下列程序进行扩增：

(1) 94℃预变性，4min

(2) 94℃变性，1min

(3) 36℃退火，1min

(4) 72℃延伸，1.5min

(5) 重复 2~4 的步骤，35 个循环

(6) 72℃继续延伸，5min

3. 电泳检测

取 10μL 扩增产物，与 2μL 点样缓冲液混合均匀，加入 1.5%琼脂糖凝胶加样孔中，以 DL2000 为 Marker DNA，在 1×TBE 电泳缓冲液中，100V 的条件下，电泳 30min，然后在凝胶成像系统下观察照相，检查反应产物及长度，观察是否出现特定长度的扩增片段。

五、实验结果与分析

PCR 扩增产物经琼脂糖凝胶电泳、溴化乙啶染色后，在紫外灯下可观察到该引物对所用的 DNA 模板扩增出的条带，与 DNA 分子质量对比，可确定扩增出的 DNA 片段的大致长度。若是用同一引物对不同 DNA 模板进行扩增，通过条带的变化来判断这些材料间的遗传变异情况。

六、实验作业

分析 PCR 扩增结果，完成实验报告。

思考题

1. RAPD 技术有哪些优缺点？RAPD 主要应用在哪些方面？
2. 导致 RAPD 技术重复性差的因素有哪些？

【注意事项】

1. 实验中若改变 DNA 的浓度，那么在一个 PCR 反应中所得到的每个片段的丰度也会改变。因此，对每一种实验材料都设定起始 DNA 标准量在 10~100ng 的范围内，有些情况下 DNA 量少于 10ng 可以得到更清晰的图谱。对某一物种来说，其 DNA 的理想浓度以及采用哪种 DNA 分离程序，应通过实验来确定。

2. 对于不同材料,每一反应体系中 Taq 酶的用量、Mg^{2+} 浓度等也需通过实验来确定。除本扩增程序外,还有许多程序在循环时间与温度上有所不同,它们的效果同样很好。应根据实验材料、仪器设备、药品试剂改变循环程序的时间、温度等条件,确定最适的程序。

3. 在 RAPD 分析中往往会遇到各种问题,如无扩增产物、扩增结果差、条带模糊、带谱不能重复、凝胶染色背景较强、低相对分子质量产物分离不充分等,应仔细分析原因,通过改变实验条件解决这些问题。影响 PCR 扩增的因素包括 PCR 缓冲液、dNTP、Mg^{2+} 浓度、热循环参数、Taq 酶来源、DNA 浓度等。

4. 溴化乙啶为强致癌物质,在实验操作中须加以防护。也可将溴化乙啶加入凝胶中对 DNA 进行染色,简化染色程序,但这将造成微波炉、电泳槽等设备、器具的污染。

5. 为检测是否有外源 DNA 的污染,应做阴性对照,即在对照 PCR 反应体系中不加入模板 DNA,电泳检测应无条带。

实验三十一　目的基因片段回收与纯化

一、实验目的

1. 了解常用的目的 DNA 片段的回收方法。
2. 掌握从琼脂糖凝胶中回收纯化目的 DNA 片段的方法。
3. 熟悉胶回收试剂盒回收 DNA 的操作过程。

二、实验原理

DNA 片段的分离与回收是基因工程操作中的一项重要技术,如可收集特定酶切片段用于基因克隆或是制备探针,回收 PCR 产物用于再次鉴定等。

PCR 产物的回收通常有两种方法:

①PCR 产物电泳后,从琼脂糖凝胶中回收和纯化。

②直接从 PCR 产物中回收。

实验室中最常用的是前一种方法,通常电泳将不同大小的 DNA 片段分开再将所需的片段分离,回收纯化。

常用的 DNA 回收方法及其原理:

1. 低熔点琼脂糖挖块法:在琼脂糖主链导入羟乙基修饰后,其凝固点温度降为 30℃,熔化温度为 65℃,这一温度低于绝大多数双链 DNA 的变性温度。利用这一特点,在水平琼脂糖凝胶电泳上,使所需的目的 DNA 片段转移到低熔点琼脂糖凝胶内,经 65℃水浴 5~10min,使之溶化,用饱和酚抽提,就可以分离到所需 DNA。

2. 玻璃棉离心法:利用玻璃棉为支持介质,通过离心,使含有目的基因 DNA 片段的溶液从凝胶中析出,经离心管底部的小孔流入套管,再用酚纯化、乙醇沉淀,获得所需的目的基因片段。

3. 透析袋电泳法:与常规琼脂糖电泳原理相同,将含有目的基因片段的凝胶切下来,装入透析袋中,同时装入电泳缓冲液,再按常规电泳方法电泳,让 DNA 在透析袋内走出凝胶块,再纯化缓冲液中的 DNA 片段。

4. DEAE 纤维素纸片回收法:将这种纸片插入琼脂糖凝胶中,其位置正好在回收的 DNA 条带的前方,使 DNA 向纸片方向泳动并吸附在纸片上,然后把纸片取出,再用洗脱液洗脱吸附的 DNA。

5. DNA 回收试剂盒:柱式 DNA 回收试剂盒,一般可从 TAE 或 TBE 琼脂糖凝胶中回收100bp~10kb的DNA片段。用琼脂糖凝胶电泳和紫外分光光度法检测回收DNA的质量。

6.冻融挤压回收法：利用离心力将凝胶中原有的液体挤出，同时也带出胶中的DNA。此法只适用于回收较小的DNA片段。

三、实验材料、器具及试剂

1.材料：待回收的DNA片段。

2.器材：Eppendorf管、枪头、移液器、电泳槽、电泳仪、电泳板和梳子、微波炉、紫外投射分析仪、恒温水浴锅、冰箱。

3.试剂：琼脂糖、TBE缓冲液、溴化乙啶（1mg/mL）、无水乙醇、70%乙醇、KAc（pH=5.5，3M）、回收试剂盒、无菌ddH_2O。

四、实验方法

1.用胶回收试剂盒回收PCR产物

（1）以Takara胶回收试剂盒为例。将带有目的片段的凝胶块转移至1.5mL离心管（离心管已经称重了）中，称重得出凝胶块的重量，近似地确定其体积。假设其密度为1g/mL（几乎所有DNA凝胶的密度都可以近似为1g/mL），凝胶块的体积可通过如下方法得到：凝胶薄片的重量为0.2g，则其体积为0.2mL。加入等体积的Binding Buffer（XP2），于55℃~65℃水浴中温浴7min或至凝胶完全融化，每2~3min振荡或涡旋混合物。

（2）取一个干净的HiBind DNAmini柱子装在一个干净的2mL收集管内。

（3）将获得的DNA/熔胶液全部转移至柱子中，室温下10000r/min离心1min，弃收集管中的滤液，将柱子套回2mL收集管内。

（4）如果DNA/凝胶溶液的体积超过700μL，一次只能转移700μL至柱子中，余下的可继续重复第（3）步至所有的溶液都经过柱子。（注：每一个HiBind DNA回收纯化柱DNA的吸附能力极限为25μg，如果预期产量较大，则把样品分别加到合适数目的柱子中）

（5）弃收集管中的滤液，将柱子套回2mL收集管内。移300μL Binding Buffer（XP2）至柱子中，室温下，10000r/min离心1min。

（6）弃收集管中的滤液，将柱子套回2mL收集管内。移700μL SPW Wash Buffer（已用无水乙醇稀释）至柱子中。室温下10000r/min离心1min。（注意：浓缩的SPW Wash Buffer在使用之前必须按标签的提示用乙醇稀释。如果DNA洗涤缓冲液在使用之前是置于冰箱中的，须将其拿出置于室温下）

（7）重复用700μL SPW Wash Buffer洗涤柱子。室温下10000r/min离心1min。

（8）弃收集管中的滤液，将柱子套回2mL收集管内，室温下，13000r/min离心2min以甩干柱子基质残余的液体。

（9）把柱子装在一个干净的1.5mL离心管上，加入15~30μL（具体取决于预期的终产物浓度）的Elution Buffer（或TE缓冲液）到柱基质上，室温放置1min，13000r/min离心 1min 以洗脱 DNA。（第一次洗脱可以洗出 70%～80%的结合 DNA，如果再洗脱一次的话，可以把残余的 DNA 洗脱出来，不过那样的浓度就会较低）

2. 冻融、挤压回收法

(1) 用手术刀在 DNA 紫外检测仪下切割下含有所要 DNA 片段的凝胶块置于 Eppendorf 管中，甩至管底，-20℃冻存 30min。

(2) 取出后用牙签将凝胶块尽量捣碎，剪去管上部，用烧红的针头在管底扎几个微孔，孔径越细越好。

(3) 将管套入另一个 Eppendorf 管中，常温下，15000r/min 离心 10min。

(4) 将上清液吸到收集管中，向沉淀中加入 100μL 重蒸水。

(5) 重复步骤(2)、(3)、(4)两遍。

(6) 收集的上清于 15000r/min，4℃离心 20min，吸取上清液，补足 400μL。

(7) 收集的上清液加入 0.1 倍体积的 KAc(pH=5.5,3M)和 2.0～2.5 倍体积的无水乙醇，充分混匀后-20℃放置 30min，取出 15000r/min，4℃离心 30min。

(8) 弃上清，加入 400μL 70%的乙醇，15000r/min，4℃离心 5min。

(9) 弃上清并倒扣 3～5min，然后 37℃烘干(30min 左右即可)。

(10) 烘干沉淀可用 30mL ddH$_2$O 溶解，待用。

3. 用琼脂糖凝胶电泳及其紫外可见分光光度计检测回收结果

配制 1.0%琼脂糖凝胶，取 3μL 扩增产物电泳，保持电压 5V/cm，电泳结束后，利用凝胶成像系统检查胶回收结果。同时采用紫外可见分光光度计检测 DNA 纯度。

五、实验结果与分析

计算 DNA 回收效率，判断 DNA 纯度。

六、实验作业

完成实验报告。

思考题

1. 利用吸附柱纯化 DNA 的原理是什么？
2. 利用胶回收试剂盒 DNA 回收效率较低或检测不到目的片段的可能原因有哪些？

【注意事项】

1. 切胶时不要将 DNA 长时间暴露于紫外灯下，以防止 DNA 损伤；同时应防止外源 DNA 的污染。

2. 尽量除去不含目的 DNA 的多余胶块，可以提高回收效率。

3. 洗脱 DNA 时，TE 缓冲液或超纯水的用量视用户对浓度的要求而定。

实验三十二　DNA 的聚丙烯酰胺凝胶电泳及其目的片段的回收

一、实验目的

1. 掌握聚丙烯酰胺凝胶电泳的原理和实验过程。
2. 熟悉凝胶透射照相的方法。

二、实验原理

聚丙烯酰胺凝胶是丙烯酰胺（Acr）和交联剂甲叉双丙烯酰胺（Bis）通过在催化剂过硫酸铵（AP）和加速剂四甲基乙二胺（TEMED）作用下的化学聚合所形成的高分子网状结构化合物。这种介质既具有分子筛效应，又具有静电效应。聚丙烯酰胺凝胶网孔大小与丙烯酰胺和甲叉双丙烯酰胺的浓度有关。一般根据欲分离物质的分子量范围选择适当的凝胶浓度。聚丙烯酰胺凝胶电泳一般用于分离小于 1kb 的 DNA 片段。其优点是分辨率极高，相差 1bp 的 DNA 就能分开。所以它还适用于寡聚核苷酸的分离和 DNA 的序列分析；缺点是操作复杂。

三、实验材料、器具及试剂

1. 材料：待检测的 PCR 产物。
2. 器材：电泳仪、垂直板电泳槽、电炉、水浴锅、照相机、小烧杯、刻度吸管、紫外透射仪、超纯水装置。
3. 试剂

30% 丙烯酰胺、5×TBE、1×TBE、10% 过硫酸铵、TEMED（四甲基乙二胺）、6× 凝胶加样缓冲液、1% 封底胶（1g 琼脂糖，加 1×TBE 溶液到 100mL，沸水浴 15min）、固定液 I（50% 甲醇，10% 乙酸）、固定液 II（50% 甲醇，7% 乙酸）、固定液 III（10% 戊二醛）、0.1% 硝酸银、显影液（碳酸钠 3g，甲醛 50 III μL，加水至 100mL）、终止液（2.3mol/L 柠檬酸）、保存液（0.03% 碳酸钠）、超纯水。

三、实验步骤

(一)聚丙烯胺凝胶电泳分离 DNA

1. 安装电泳槽

准备好用于灌胶的玻璃板、有机玻璃垫片、夹子和梳子,用洗涤剂浸泡,水洗后晾干备用。为避免手指上的油污,操作时应拿住玻璃板的两侧。

将玻璃板有凹的一面和电泳槽面贴紧,然后将两条有机玻璃垫片立于玻璃板两边并靠紧,再将无凹的玻璃板紧靠在有机玻璃垫片上,两边用夹子夹紧。用封底胶将两片玻璃底部封死。

2. 制胶

确知玻璃板的大小和有机玻璃垫片的厚度后,便可以计算所需丙烯酰胺溶液的体积,根据所分离的 DNA 大小来确定凝胶的浓度,配制方法见表 32-1。

表 32-1 制备聚丙烯酰胺凝胶所用试剂的体积

试剂	制备不同浓度凝胶所用试剂的体积				
	2.5%	5.0%	8.0%	12.0%	20.0%
30%丙烯酰胺	11.6	16.6	26.6	40.0	66.6
双蒸水	67.7	62.7	52.7	39.3	12.7
5×TBE	20.0	20.0	20.0	20.0	20.0
10%过硫酸铵	0.7	0.7	0.7	0.7	0.7

3. 灌胶

(1)每 100mL 丙烯酰胺凝胶溶液加 35μL TEMED,旋动容器以混匀溶液。将混匀溶液从玻璃板的凹处向两玻璃板之间慢慢倒入,直到灌满为止。

(2)放置几分钟,检查如无气泡,将梳子插入凝胶中。丙烯酰胺的聚合时间为 30~60min,若聚合完全,梳齿下可见一条折光线,小心拔出梳子,用电缓冲液冲洗样品孔。

(3)将上下缓冲液槽加满电泳缓冲液,连接好电源线。

4. 加样

DNA 样品与上样缓冲液充分混合,用微量吸管吸取,小心快速地加入上样孔中。

5. 电泳

接通电源,一般以 1~8V/cm 的电压进行电泳。电泳至标准参照染料迁移至所需位置,切断电源,拔出导线,弃去槽内的电泳缓冲液。卸下玻璃板,用薄钢勺将上面的玻璃板以一角撬起,将上面的玻璃平稳地拿开,去掉间隔片,将凝胶取出染色。

6. 染色

适用于聚丙烯酰胺凝胶中 DNA 和 RNA 的染色方法为银盐染色法。凝胶依次在固定液Ⅰ中浸泡 30min;固定液Ⅱ中浸泡 30min;固定液Ⅲ中固定 30min;用水洗去多余固定剂,然后用 0.1% 硝酸银浸泡 30min,在 100mL 显影液中显影,直到获得满意效果。加入 5mL 终止液,搅动 10min,即可终止反应。用蒸馏水洗涤 30min,然后浸在保存液中 10min,置密封口袋中保存。

(二)切胶回收

扩增出的目的 DNA 条带用洁净的刀片从聚丙烯酰胺凝胶上切割下来,放入 1.5mL 的离心管中,加入 50μL ddH$_2$O,煮沸 20min。然后以此为 PCR 模板,进行二次 PCR,通过琼脂糖凝胶电泳分离目的 DNA 片段。采用琼脂糖凝胶回收法进行回收目的 DNA 片段,具体参照实验三十一。

(三)琼脂糖凝胶电泳检测 DNA 回收效率

配制 1.0% 琼脂糖凝胶,取 3μL 扩增产物电泳,保持电压 5V/cm,电泳结束后,利用凝胶成像系统检查胶回收结果。同时采用紫外可见分光光度计检测 DNA 纯度。

五、实验结果与分析

计算 DNA 回收效率,判断 DNA 纯度。

六、实验作业

完成实验报告。

思考题

1. 聚丙烯酰胺凝胶电泳和琼脂糖凝胶电泳的各自优缺点有哪些?
2. 为什么聚丙烯酰胺凝胶要灌入密闭的两片玻璃中?

【注意事项】

1. 丙烯酰胺是强烈的神经毒素,可经皮肤吸收;丙烯酰胺的作用有累积性。故应小心处理。
2. 放梳子时,在胶面和梳子之间一定不能有气泡。
3. 硝酸银一定要用超纯水配制。
4. 回收时所切的条带尽可能细,以保证所含 DNA 分子的纯度。

实验三十三 重组质粒的构建、转化和筛选

一、实验目的

1. 掌握外源基因与质粒的重组操作技术。
2. 掌握质粒转化受体菌的技术及重组子筛选技术。

二、实验原理

1. 重组质粒构建：质粒酶切后形成限制性末端，在 DNA 连接酶的作用下，将外源基因片段与质粒片段连接在一起形成重组子。
2. 感受态细胞：受体细胞经过一些特殊方法处理后（如：热激处理），细胞膜的通透性增加，可使外源 DNA 分子通过而进入受体细胞。
3. 转化：将外源 DNA 分子引入受体菌株细胞中，使受体细胞获得新的遗传性状。
4. 重组子筛选：质粒上携带不同抗生素基因，利用这些基因的抗性进行重组子筛选（常用的抗生素有：氨苄青霉素、卡那霉素、氯霉素、四环素、链霉素等）。

三、实验材料、器具及试剂

1. 材料

浓度已知的外源 DNA 片段，酶切后浓度已知的 pBS DNA，宿主菌 *E. coli* DH5α。

2. 器具

恒温摇床、离心机、恒温水浴锅、琼脂糖凝胶电泳仪、电热恒温培养箱、超净工作台、微量移液枪、Eppendorf 管等。

3. 试剂

(1) 连接反应缓冲液：(10×)：0.5mol/L Tris-HCl(pH7.6)、100mol/L $MgCl_2$、100mol/L 二硫苏糖醇(过滤灭菌)、10mol/L ATP(过滤灭菌)。

(2) T4 DNA 连接酶，购买成品。

(3) 无菌 LB 液体培养基。

(4) 含 Amp 的无菌 LB 琼脂筛选培养基平板。

四、实验方法

(一)重组质粒构建

1. 取新的经灭菌处理的 0.5mL Eppendorf 管编号。
2. 将 0.1μg 载体 DNA 转移到无菌离心管中,加等量的外源 DNA 片段。
3. 加蒸馏水至体积为 8μL,在 45℃下保温 5min 后,将混合物冷却至 0℃。
4. 加入 10×T4 DNA 连接酶 Buffer 1μL,T4 DNA 连接酶 0.5μL,混匀后用离心机将液体全部甩到管底,加蒸馏水至体积为 8μL,混匀,在 16℃下保温 8～24h。

(二)重组质粒转化

1. 从 −70℃ 冰箱中取 E.coli DH5α 感受态细胞悬浮液 200μL,在室温下解冻后立即置冰上。
2. 加入连接产物溶液(含量不超过 50ng,体积不超过 10μL),轻轻摇匀,在冰上放置 30min 后,在 42℃水浴中热击 90s 或 37℃水浴 5min,然后迅速置于冰上冷却 3～5min。
3. 向管中加入 1mL LB 液体培养基(不含 Amp),混匀后 37℃振荡培养 1h,使细菌恢复正常生长状态。

(三)重组质粒筛选

将上述恢复正常生长的菌液摇匀,取 100μL 涂布于含 Amp 的无菌 LB 琼脂筛选培养基平板上,待培养基表面的水分完全干后,盖上培养皿盖子,用保鲜膜封口,将培养皿倒置在 37℃温箱中培养 16～24h,待出现明显而又未相互重叠的单菌落时拿出平板。在此平板上长出的菌落为已转化了的重组子。

五、实验结果与分析

附上平板图片,计算转化效率。

六、实验作业

分析实验结果,完成报告。

思考题

1. 简述质粒重组子在分子生物学研究中的意义。
2. 重组子的筛选方法有多种,请列举 2～3 个,并简述其原理。
3. 酶切消化后,不相匹配的末端怎样进行连接?
4. 热激以后细菌活化培养,培养基中为什么不加入 Amp?

【注意事项】

1.连接反应温度要适中,过高黏性末端之间形成氢键不稳定,过低会影响连接酶的活性。

2.反应体系中的体积(μL)数仅供参考。实验时最重要的是要确定目的 DNA 与载体 DNA 的量(ng)。

3.对于黏性末端一般 12℃~16℃之间进行反应,以保证黏性末端退火及酶活性的发挥。黏性末端中 G+C 含量较高时,连接反应温度可适当高些;反之温度可低些,甚至可低于 12℃。

对于平末端可在室温下进行连接,因为不考虑两个末端的退火问题,一般反应速度随温度的提高而加快。但不超过 30℃,否则 T4 DNA 连接酶不稳定。但连接用量要大于黏性末端 10~100 倍,连接时间一般控制在 2~16h 之间。

4.整个操作过程均在无菌条件下进行,所有器皿和试剂都要进行灭菌处理,注意防止被其他试剂、DNA 酶或出现杂 DNA 所污染,否则均会影响转化效率或出现杂 DNA 的转入,为以后的筛选、鉴定带来不必要的麻烦。

第三部分
设计性实验

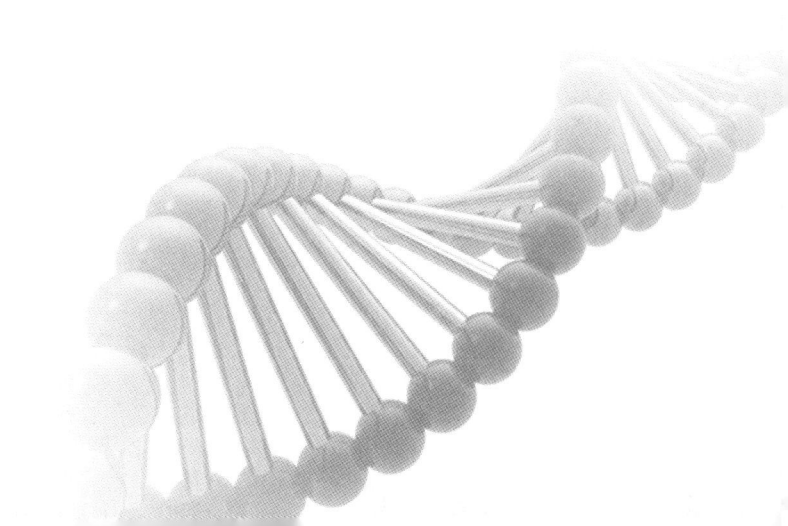

实验三十四　人类正常遗传性状的调查

一、背景知识

人类的各种性状都是由特定的基因控制的。由于每个人的遗传基础不同，某一特殊的性状在不同的人体会出现不同的表现。通过一个特定人群的某一性状的调查，将调查材料进行整理分析，可以初步了解某性状的遗传方式、控制性状基因的性质，并能计算出该基因的频率。

在自然界，无论动植物，一种性别的任何一个个体有同样的机会与其相反性别的任何一个个体交配。假设某一位点有一对等位基因 A 和 a，A 基因在群体出现的频率为 p，a 基因在群体出现的频率为 q；基因型 AA 在群体出现的频率为 D，基因型 Aa 在群体出现的频率为 H，基因型 aa 在群体出现的频率为 R。群体（D、H、R）交配是完全随机的，那么这一群体基因频率和基因型频率的关系是：$D=p^2, H=2pq, R=q^2$。

这说明任何一物种的所有个体，只要能随机交配，基因频率很难发生变化，物种能保持相对稳定。根据遗传平衡定律，可以对人类群体进行基因频率的分析。

二、实验目的

1. 通过人类各种性状的调查分析，了解其遗传特性及其遗传方式。
2. 掌握平衡群体基因频率和基因型频率的估算方法。
3. 学会系谱调查及分析的基本方法。

三、实验要求

学生 4~6 人一组或单独一人一组，根据教师提出的要求选择 2~3 种遗传性状，对全班同学或对自己的家庭、别人的家庭（至少 1 个以上）进行三代以上家庭成员的调查。为确保调查结果的可靠性，在调查中必须严格做到：①应确认所调查的对象之间的血缘关系。②所调查的遗传性状应该是先天的，不能是通过美容手术等途径后天获得。③在调查中要细致耐心，如实地做好详细的调查记录，不得虚构。

四、调查内容

(一)人类 ABO 血型调查及遗传分析

人类 ABO 血型是人体的一种遗传性状,它受一组复等位基因(I^A、I^B、i)控制,是红细胞血型系统的一种。人类的红细胞表面有 A 和 B 两种抗原,血清中有抗 A(a)和抗 B(b)两种天然抗体,依抗原和抗体存在的情况,可将人类的血型分为 A、B、AB、O 四种血型,如下表:

表型	基因型	红细胞膜上的抗原	血清中的天然抗体
A	$I^A I^A$,$I^A i$	A	(β)抗 B
B	$I^B I^B$,$I^B i$	B	(α)抗 A
AB	$I^A I^B$	A、B	—
O	ii	—	(α)抗 A、(β)抗 B

(二)人群中 PTC 味盲基因频率的分析

苯硫脲(phenythocarboncide,简称 PTC)是一种具有苦涩味的人工合成化合物,对人类无毒无害。不同人对其溶液的苦味有不同的尝味能力。这种尝味能力是由一对等位基因(Tt)所决定的遗传性状,其中 T 对 t 为不完全显性。利用这一原理,配制不同浓度的 PTC 溶液,由低浓度到高浓度测试学生的尝味能力,可以区分出味盲、高度敏感型和介于两者之间的人。高度敏感型的基因型为 TT,能尝出 1/6000000~1/750000mol/L 的 PTC 溶液的苦味。具有 Tt 基因型的人尝味能力较低,只能尝出 1/380000~1/48000mol/L 的 PTC 溶液的苦味;味盲者基因型为 tt,只能尝出 1/24000mol/L 以上浓度 PTC 溶液的苦味,个别人甚至对 PTC 的结晶也尝不出苦味来。而且已知纯合体味盲(tt)者容易患结节性甲状腺肿,因此可以把 PTC 的尝味能力,作为一种辅助性诊断指标。我国汉族人群中,PTC 味盲约占 10%。

(三)群体中单因子遗传性状的调查

1. 卷舌性状的调查:在人群中,有的人能够卷舌(tongue rolling),即舌的两侧能在口腔中向上卷成筒状,称为卷舌者(tongue roller),受显性基因(T)控制,有的人则不能。大家可相互观察,或对镜观察自己是否具有卷舌能力。同学们可对自己的家族进行调查,绘系谱图,确定该性状的遗传特性。

2. 眼睑性状的调查:人群中的眼睑(eyelid)可分为单重睑(俗称单眼皮,又叫上睑赘皮)和双重睑(俗称双眼皮)两种性状。一些人认为双眼皮受显性基因控制,为显性性状;单眼皮为隐性性状。关于这类性状的性质和遗传方式,目前尚有争论,还有待进一步研究。同学们可以调查一下自己家族中有关成员的眼睑情况，并绘制成系谱图，分析其遗传方式。

3. 耳垂性状的调查：人群中的不同个体的耳朵可明显区分为有耳垂(free ear lobe)与无耳垂(attached ear lobe)两种情况，该性状是受一对等位基因所控制的，有耳垂为显性性状；无耳垂为隐性性状。调查你的家庭各成员的耳垂性状，是否符合孟德尔式遗传，调查全班同学的耳垂出现频率。

4. 额前发际的调查：在人群中，有些人前额发际(hair line of the forehead)基本上属于平线，有些人在前额正中发际向延伸呈峰形，即明显地向前突出，形成V字形发称寡妇尖(widows peak)，该特征属显性遗传。调查班级中有哪些同学前额发际呈峰形，记为"V"，平线者为"—"。

5. 发式和发旋的调查：人类的发式有卷发和直发之分。东方人多为直发，为隐性性状，卷发则为显性性状；每个人头顶稍后方的中线处都有一个螺纹(有的人可不止一个)，其螺纹方向受遗传因素控制，顺时针方向者为显性性状，逆时针方向者为隐性性状。调查家族中有关成员的发式和发旋性状，是否符合孟德尔式遗传。调查班级中不同个体发式和发旋情况。

6. 拇指端关节外展的调查：在人群中有的人拇指的最后一节能弯向挠侧与拇指垂直轴线呈60°，性状呈隐性遗传，即该性状的纯合性个体的拇指端可向后卷曲60°。调查班级中哪些同学有此性状，统计该性状的频率。

五、调查方法和基因频率的分析

1. 血型调查及分析方法

血型检验的方法有试管法和玻片法，较常使用和较为简便的方法是玻片法。具体如下：

(1) 取一清洁的双凹玻片(或用普通载玻片玻璃蜡笔划出方格代表)，两端上角分别用记号笔或胶布注明A和B及受试者姓名，然后分别用吸管吸取A和B型标准血清各一滴，滴入相应凹面(或方格)内。

(2) 采血：用70%乙醇溶液棉球消毒受试者的耳垂或指端，待乙醇溶液干后，用无菌的采血针刺破皮肤，用吸管吸1~2滴血放入盛有0.3~0.5mL生理盐水的离心管中，用吸管轻轻吹打成约5%的红细胞生理盐水悬液。

(3) 在玻片的每一凹格(或方格)内分别滴1滴制好的红细胞悬液(注意滴管不要触及标准血清)，然后立即用牙签或小玻棒分别搅拌液体，使血球和标准血清充分混匀。

(4) 观察：在室温下每隔数分钟轻轻晃动玻片几次，以加速凝集，等5~10min后观察有无凝集现象。若混匀的血清由混浊变为透明，出现大小不等的红色颗粒，则表明无凝集现象；若观察不清可在低倍镜下观察；若室温过高，可将玻片放于加有湿棉花的培养皿中以防干涸；室温过低将玻片置于37℃恒温箱中，以促其凝集。

(5) 根据ABO血型检查结果，判断血型。

(6) 计算基因频率和基因型频率

A 的表型频率 $= p^2 + 2pr$

B 的表型频率 $= q^2 + 2qr$

AB 的表型频率 $= 2pq$

O 的表型频率 $= r^2$

2. 人群中 PTC 味盲基因频率的分析

(1) PTC 溶液的配制

原液：取 PTC 结晶 1.3g，加蒸馏水 1000mL，时时摇晃，在室温（20℃左右）下 1～2d 即完全溶解。原液的 PTC 浓度约为 1/750，原液稀释 1 倍为 2 号液，2 号液稀释 1 倍为 3 号液，以此类推，直至配成 14 号液，浓度为 1/6000000。将配好的 14 种 PTC 溶液分别置于消毒好的滴瓶中。

(2) 检测方法

①让受试者坐于椅子上，仰头张嘴。用滴管滴 5～10 滴 14 号液于受试者舌根部，让受试者徐徐下咽品味，然后用蒸馏水做同样的试验。

②询问受试者能否鉴别此两种溶液的味道，若不能鉴别或鉴别不准确，则依次用 13 号，12 号……溶液重复试验，直至能明确鉴别出 PTC 的苦味为止。

③当受试者鉴别出某一号溶液时，应当再用此号溶液重复尝味三次，三次结果相同时，才是可靠的。

④测定时应将 PTC 溶液与蒸馏水反复交替给受试者，以免由于受试者的猜想及其他心理作用而影响结果的准确性。

⑤tt 基因型的阈值范围为 1～6 号液，Tt 基因型的阈值范围为 7～10 号液，TT 基因型的阈值范围为 11～14 号液。根据测试结果，记录并统计所调查人群中的基因型。

3. 群体中单因子遗传性状的调查

可对全班同学进行调查，也可对自己的家族进行调查，绘系谱图，确定性状的遗传特性。整理调查数据，进行基因频率和基因型频率的计算。

计算公式：$D + H = p^2 + 2pq, R = q^2$

六、撰写调查报告

1. 首先要求学生根据小组或自己的调查结果独立绘制家系图谱，并作出初步的分析报告（主要是各种性状的传递方式、显隐性关系等）。

2. 展示优秀的调查结果与分析报告，开展学习交流。

3. 在教师指导下，根据调查的结果进行分组（调查内容相同的归为一组，人数较多时，最好能以每 5～6 人一组为宜），由组长负责组织小组成员一起根据调查结果共同绘制系谱和进行家系分析，写出调查总结报告，包括调查地点、人数、性别情况、年龄、传递特点、性状和显隐性关系，并指出本次调查的优缺点等。

七、讨论

若以参加的同学为一个群体,从 ABO 血型上看,表型分布较集中,但 AB 血型较少,这可以反映出,在人群中,基因 I^A、I^B 组合的机会较之 I^A 和 i、I^B 和 i 以及 i 和 i 组合的机会要少。从个体单因子遗传性状的调查结果中可以看出,单因子遗传性状分布很散乱,说明人的性状分布具有随机性。性状的表达是受外界环境和自身基因表达相互作用而形成的,在亲代的遗传过程中,基因连锁遗传,或者是自由组合和分离,使得性状随机分布而无规律性。

师生共同评价调查结果。首先由各小组代表在班上阐述其调查分析,并对同学或老师提出的问题进行答辩(小组其他同学可作出补充),师生共同分享研究成果。然后师生共同讨论、评价本次调查研究活动的完美性,指出存在的问题等。

实验三十五　植物基因的连锁交换和基因定位

一、研究背景

位于同一染色体上的两非等位基因(如 AB 或 ab),总是有联系在一起分配到同一配子中去的倾向。若两非等位基因完全连锁,杂合体($AB//ab$)只产生 2 种亲本型配子(AB 和 ab),F_2 代出现与杂交亲本相同的 2 种表型。若两非等位基因不完全连锁,杂合体($AB//ab$)仍产生 4 种类型的配子,但它们的比例不是 1:1:1:1,且总是亲本型配子(AB 和 ab)占多数,重组型配子(Ab 和 aB)占少数;F_2 代也出现 4 种表型,但比例不符合 9:3:3:1,而是亲本型表型数比例大,重组型表型数比例少。这种遗传现象称为连锁遗传。

两不完全连锁的非等位基因的杂合体产生 4 种数目不等的配子,其原因在于:一对同源染色体上的非等位基因之间,在减数分裂过程中通常会交叉断裂而发生交换,导致基因重组,发生交换而使基因重组的某孢(性)母细胞形成 4 种比例相等的配子(亲本型配子 AB 和 ab 及重组型配子 Ab 和 aB),而在该位点不发生交换或虽发生交换但未导致基因重组的孢(性)母细胞只形成 2 种亲本型配子(AB 和 ab)。因此,两个性状的连锁遗传中,杂种后代只出现少量的重组型个体。重组型个体在杂种后代群体中出现的概率 P($0 \leqslant P \leqslant 50\%$)取决于两对基因间发生交换的几率,一般用重组值(Rf)(F_1 代孢/性母细胞产生的重组型配子数占配子总数的百分率)表示。重组值的求算方法常有测交法和自交(F_2)法两种。一般玉米等异花授粉作物和动物,多采用测交法来测定重组值,而小麦、水稻等自花授粉作物,由于测交法的工作量太大,常用自交法。

根据染色体基因理论,基因在染色体上按一定的顺序和距离呈线性排列,相邻两基因位点之间发生断裂和交换而形成重组型配子的几率与二者间的距离呈正相关,即距离越大,断裂和交换而产生重组型配子的几率也越大。因此,两基因间相对距离的大小可以用交换率来反映。规定 1% 的交换率称为一个遗传图距(1cM=1Mbp),两基因间的相对距离(遗传距离)用两基因的交换率来表示。交换率越小,表明两个基因间的距离越近,连锁越紧密;反之,交换率越大,则两基因间距离越远,连锁越松散。连锁分析就是要测定基因间的交换值,并确定基因间的排列顺序,绘出连锁遗传图(linkage map)。通过连锁分析可以确定基因在染色体上的相对位置,因此也称为基因定位(gene location)。

基因定位是新性状/基因遗传基础研究的重要内容。基因定位常用的方法是三点测验(three-point test cross),它通过一次杂交和一次测交,确定三对基因在染色体上的相对位置和遗传距离。与两点测验相比,三点测验操作简便,并且可在一定程度上消除双交换的干扰,得到的交换值可以更准确地反映两基因间的遗传距离。

二、实验目的

1. 观察植物性状间的连锁遗传现象。
2. 理解连锁和交换的原理。
3. 掌握测定基因间交换值和基因定位的方法。

三、实验过程

(一)实验准备

1. 查阅文献,确定研究内容和研究方案

利用实验室现有的植物材料,制定具体的研究内容和切实可行的研究方案。

例如可以以玉米为实验材料。已知控制玉米($Zea\ mays$)籽粒的三对性状:即有色(C)/无色(c),饱满(Sh)/凹陷(sh),非糯(Wx)/糯性(wx)的基因均位于第 9 号染色体上。以籽粒有色饱满非糯自交系($CCShShWxWx$)与无色凹陷糯性自交系($ccshshwxwx$)杂交,杂种 F_1 与三隐性无色凹陷糯性($ccshshwxwx$)自交系进行测交,或以 F_1 自交,然后根据测交(测交子代)或自交果穗上每种表型的子粒数及其比例,估算出基因间的交换值;利用三点测验,进行基因定位。

2. 准备实验用品

(二)实验操作

1. 测定交换值

可以采用测交法和自交法测定交换值。

2. 三点测验

(1)观察计数

取供试玉米三对相对性状测交果穗,按 8 种籽粒表型分别计数其粒数,汇总全班(组)数据。

(2)分析计算

确定交换类型→确定 3 对基因的排列顺序 →计算交换值→绘连锁遗传图。

四、实验结果与分析

详细记录实验过程,正确处理和分析数据,准确绘制连锁遗传图。

五、实验作业

完成科技论文。

六、小组交流汇报

汇报实验结果,交流实验心得,讨论在实验中遇到的一些问题,如测交法和自交法求得的交换值是否等同?为什么?

实验三十六　植物群体遗传多样性的分子检测

一、研究背景

1.遗传多样性的概念

生物多样性(Biodiversity)研究是当今全球关注的热点之一,生物多样性包括四个层次:遗传多样性、物种多样性、生态系统多样性和景观多样性。其中,遗传多样性(Genetie diversity)是生物多样性的核心,因为一个物种的定性和进化潜力依赖其遗传多样性,物种的经济价值和生态价值也依赖于其特有的基因组。保护生物多样性最终是要保护其遗传多样性。广义的遗传多样性是指地球上所有生物所携带的遗传信息的总和。狭义上是指物种基因的变化,包括同种显著不同的居群(Population)之间或同一居群内不同个体的遗传变异。通常,遗传多样性最直接的表现形式就是遗传变异水平的高低,一个物种的遗传变异越丰富,对环境适应能力越强,进化的潜力越大。

2.遗传多样性研究的意义

遗传多样性的研究具有重要的理论和实际意义。首先,物种和居群的遗传多样性大小是长期进化的产物,是其适应和进化的前提。一个居群遗传多样性越高或遗传变异越丰富,对环境变化的适应能力就越强,越容易扩展其分布范围和开拓新的环境。理论推导和大量试验证据表明,生物居群中遗传变异的大小与其进化速度成正比,因此,对于遗传多样性的研究,可以揭示物种或居群的进化历史,也能为进一步分析其进化潜力和未来命运提供重要资料,尤其有助于物种稀有或濒危原因及过程的探讨。其次,遗传多样性是保护生物学研究的核心之一。不了解种内遗传变异的大小、时空分布及其与环境条件的关系,我们就无法采取科学有效的措施来保护人类赖以生存的遗传资源,来挽救濒于绝灭的物种,保护受威胁的物种。再次,对遗传多样性的认识是生物各分支学科重要的背景资料。对遗传多样性的研究无疑有助于更清楚地认识生物多样性的起源和进化,尤其能加深人们对微观进化的认识,为动植物的分类、进化研究提供有益的资料,进而为动植物育种和遗传改良奠定基础。

3.遗传多样性的研究方法

遗传多样性主要是通过遗传标记的多态性来反映的。遗传标记根据检测技术和内容不同,可分为4个水平:生物学水平、染色体水平、蛋白质水平及DNA分子水平。无论在什么层次上进行研究,其目的都是为了揭示遗传物质的变异,在理论上或实际应用中都有其优势和局限性。

(1) 生物学水平

生物学标记是指生物在生长发育过程中用肉眼能观察到的生物学特征，一般采用统一的标准进行观测和记录。

生物学标记包括两类，一类是由少数起决定作用的遗传基因所支配的质量性状和稀有突变等，同一种性状的不同表现型之间不存在连续性的数量变化，而呈现质的中断性变化，如鸡羽的芦花斑纹和非芦花斑纹、小麦的有芒和无芒等，很容易通过分离定律和连锁定律来解释，一般通过统计该指标在总体或样本中的频率来判断种群间及种群内个体间的差异。另一类是由多基因决定的数量性状，如作物的产量、株高，奶牛的泌乳量，棉花的纤维长度等，大多数的数量性状表现为群体性而缺乏个体性，呈连续状态，界限不清楚，不易分类，只能用称、量、数等方法对它们加以度量，只有进行适当的数理统计和赋值，才能反映出其遗传变异的特点并总结规律。设计一套有效的采样方案，结合多元统计分析方法，针对质量性状及数量性状进行研究，可以揭示出这些性状受遗传控制的大小，进而估计群体的遗传变异程度和遗传结构。

近年来，基于生物学标记进行 UPGMA 聚类和主坐标分析的研究方法，已经在作物的遗传多样性分析中得到了广泛的应用，如萝卜、丝瓜、鹅观草、腊梅、扁稽豆等。此外，对生物学性状进行主成分分析，研究每一个生物学指标在种质鉴定中的贡献值，将原来的多个分析指标转换为几个重要稳定且不相关的综合指标，从而简化生物学性状的分类工作，也是种质遗传多样性评价和优良种质快速筛选的一种重要手段。

在生物学水平上，利用生物学标记来研究种群间或种群内个体间的遗传变异，具有简单、快速的特点。然而，生物学标记是基因型和环境互作的结果，容易受到环境等客观因素及检测者的主观因素影响，因此要准确地了解种群的遗传变异状况，仅依赖生物学标记是远远不够的，还必须与其他多种方法加以比较和验证。

(2) 染色体水平

染色体是基因的携带者。染色体水平上的遗传变异主要体现在两个方面，一是染色体组型特征的变异，包括染色体数目（整倍数、非整倍数）和染色体形态（着丝粒位置、次缢痕和随体等）；二是染色体结构变异，包括缺失、易位、倒位和重复，在种内更为常见。染色体水平的检测方法主要指对核型（染色体数目、大小、随体、着丝点位置等）、带型（C 带、N 带、G 带）和染色体组型的研究。

染色体水平标记不易受环境因素影响，操作较简单，但也存在着标记数量少的缺陷，难以检测到一些不涉及染色体数目、结构变异或带型变异的性状。同时，某些物种对染色体数目和结构变异反应敏感，材料的培育和保存都比较困难。因此，直至今日，可利用的染色体水平标记仍很少。

(3) 蛋白质水平

从蛋白质水平上进行遗传多样性的检测目前最常用的技术是等位酶（allozyme）分析。它由蛋白质凝胶电泳及与其配套的专一性染色技术相合，通过酶谱的变化反映等位基因和位点的变化。等位酶在生物界普遍存在，并以共显性方式表达，谱带与等位基因之间关系明确，其变化直接反映了 DNA 分子水平上的变化，使等位酶分析成为一种有效的遗传多样性检测技术，是近一二十年来应用最普遍的方法。

但是，等位酶分析技术有其自身的一些弱点，如只能检测编码酶蛋白的基因位点，对非结构基因则无能为力；所检测的位点数目受技术限制不可能很多（一般常用 20～30 个）。因此，一批等位酶位点的变异并不一定代表整个基因组的变异，而且有些隐蔽的变异可能无法通过电泳检测到，例如不改变氨基酸序列的变异，有突变或对酶蛋白电荷性质无影响的变异等，所以酶电泳可能会低估遗传变异水平。

(4) DNA 水平

DNA 分子标记，也被称为 DNA 指纹图谱，是指由于 DNA 分子发生缺失、插入、易位、倒位、重排，重复序列长度及结构存在差异等而产生的多态性标记，能反映生物个体或种群间基因组的差异特征。

根据 DNA 分子标记技术的基本原理，大致分为四类：第一类是以电泳技术和分子杂交技术为核心的分子标记技术，如限制性片段长度多态性（Restriction Fragment Length Polymorphisms，RFLP）；第二类是以电泳技术和 DNA 多聚酶链式反应（PCR，Polymerase Chain Reaction）技术为核心的分子标记技术，如简单序列重复间区（Inter Simple sequence Repeat，ISSR）、随机扩增多态性（Random Amplified Polymorphic，RAPD）、简单重复序列标记（Simple Sequence Repeat，SSR）、序列特征化扩增区域（sequence charactered Amplified Region，SCAR）、相关序列扩增多态性（Sequence-related Amplified Polymorphic，SRAP）、靶位区域扩增多态性（Target Region Amplified Polymorphic，TRAP）；第三类是限制性酶切和 PCR 结合的 DNA 标记，如扩增片段长度多态性（Amplified Fragment Polymorphic，AFLP）及酶切扩增多态性序列（Cleaved Amplified Fragment Polymorphic Sequence，CAPs）标记；第四类是以 DNA 序列为核心的分子标记技术，其代表性技术为以 mRNA 为基础的分子标记技术，如差异显示（DD-PCR）、逆转录 PCR（RT-PCR）、差异显示逆转录 PCR（DDRT-PCR）、表达序列标签（EST）、基因表达系列分析技术（SAGE）。以单核苷酸多态性为基础的分子标记单核苷酸多态性（Single Nucleotide Polymorphism，SNP）及以 rDNA 序列为靶序列的标记，直接进行基因序列和基因区间序列分析，如 ITS 和 IGS 分析。目前应用最普遍的 DNA 分子标记主要是 RFLP、RAPD、AFLP、SSR、ISSR、SRAP 等。

①RFLP

RFLP 是第一个 DNA 水平上的分子遗传标记，它是一项综合技术，包含了 DNA 的提取、限制性酶消化、琼脂糖凝胶电泳、Southern 杂交等多项分子生物学技术。由于基因组内出现的各种变异会引起酶切位点的改变，而且不同的限制性内切酶有特异性的识别序列和切割位点，特定材料的基因组 DNA 经某一种限制性内切酶酶切后，会产生分子量不同的同源等位片段，因此，可根据酶切图谱条带的差异反映材料间的遗传多样性。RFLP 技术不受环境和发育阶段的影响，直接反映 DNA 水平的变异。RFLP 具有共显性的特点，可区分同一位点的等位基因，实验结果较为稳定可靠。但 RFLP 的缺点也是非常明显的。对 DNA 样品的量和纯度要求都比 RAPD 高得多，得到的带谱也更为复杂且难于解释，放射性物质的使用安全也是限制 RFLP 应用于实践的一个因素。

②RAPD

RAPD 技术的核心原理是运用长度为 10bp 的随机寡脱氧核苷酸序列作为引物，以生物的基因组 DNA 作模板进行 PCR 扩增反应。由于是短的随机引物，庞大的基因组

DNA 提供了丰富的结合位点，从而导致扩增片段数目和长度的差异，进而表现出 RAPD 图谱的多样性。RAPD 无需预先知道 DNA 的序列，因而被认为是一种简单方便的方法，具有快速、灵敏、易检测、所需 DNA 样品量少等特点，近年来已广泛用于植物类群尤其是种以下水平的遗传多样性研究。

大量研究表明，RAPD 具有个体、居群、亚种、种等各层次水平的特异性，且这种变异是按孟德尔方式遗传的，因而是一种优良的遗传标记。RAPD 技术也有其自身的不足，主要表现在：1）显性遗传，无法区分等位基因的纯合性与杂合性。2）扩增极为灵敏，易受外源及污染 DNA 的干扰。3）重复性较差。

③AFLP

AFLP 是由荷兰科学家 Zabeau 和 Vos 发展起来的一种检测 DNA 多态性的新方法，其原理是用两个限制性内切酶消化基因 DNA，形成若干分子量不同的限制性片段，然后在片段两端连接上人工接头作为扩增模板。所采用的引物与接头和酶切位点互补，并在 $3'$ 端加上 $2\sim3$ 个碱基，从而使那些只有与引物 $3'$ 端互补的酶切片段能被扩增。扩增产物经变性聚丙烯酰胺凝胶电泳分离后，通过银染、放射性同位素或荧光标记检测可显示出多态性丰富的 DNA 指纹式样。AFLP 结合了 AFLP 与 RAPD 的优点，方便快速，检测的位点数可比 RAPD 多 10 倍，可以快速分析数千个独立的基因位点。只需要极少量的 DNA 材料，不需要 Southern 杂交，不需要预先知道 DNA 的顺序信息，试验结果稳定可靠，可以快速获得大量的信息，而且再现性高，重复性好。因而，非常适合于品种指纹图谱的绘制，遗传连锁图的构建及遗传多样性的研究。

④SSR

SSR 是短的、串联的简单重复序列，它的组成单位是 $1\sim6$ 个核苷酸，如 $(CA)_n$、$(GAG)_n$、$(GACA)_n$ 等。这些串联重复序列广泛存在于真核细胞的基因组中，其重复次数是可变的，因此具高度多态性。SSR 属于共显性标记，在一个居群内存在许多不同大小的等位基因，杂合水平高。近年来，微卫星序列作为比较理想的分子标记已经被广泛用于遗传图谱的构建、居群遗传学以及系统发育的研究。其原理是根据微卫星 DNA 侧翼序列设计位点专一的引物，在 PCR 上扩增出单个微卫星位点，然后进行简单序列长度多态性分析或在此基础上进行微卫星位点的序列分析。

⑤ISSR

ISSR 是根据基因组内广泛存在的简单重复序列（SSR）设计引物，对位于反向排列的 SSR 之间的 DNA 区域进行扩增，然后进行凝胶电泳，根据谱带的有无及大小，分析不同样品间的遗传多态性，引物通常为 $16\sim18$bp，$3'$ 或 $5'$ 端通常锚定 $1\sim4$ 个碱基，以增加扩增时的稳定性。由于 SSR 广泛分布于真核生物基因组中，且等位变异丰富，因而 ISSR 可以检测到较高的多态性，一般可以扩增得到 $10\sim60$ 个不同的片段。ISSR 结合了 SSR 和 RAPD 的优点，在引物设计上比 SSR 技术简单得多，无需知道 DNA 序列即可用引物进行扩增，而且可揭示比 RFLP、RAPD、SSR 更多的多态性，并且操作简单，所需 DNA 模板量少，实验成本低。由串联重复和几个非重复的锚定碱基组成的引物，可减少由于靶定的位点太多而产生弥散的式样，也保证了引物与基因组 DNA 中 SSR 的 $5'$ 或 $3'$ 末端结合，使位于反向排列、间隔不太大的重复序列间的基因组片断得以扩增。ISSR 引物序列长度比 RAPD 长，退火温度高，故稳定性较高。ISSR 也是一种显性标记。目前，ISSR 已在遗传作图、基因定位、品种鉴定、系统与进化、近缘种及种内水平的遗传多样性等研究方面被广泛应用。

⑥SRAP

SRAP通过设计特定的引物对开放阅读框（ORF）进行扩增，引物长度通常设定为17~18bp，其中核心序列为13~14bp。正向引物的"填充"序列后连接CCGG序列及3个选择性碱基，主要与外显子区域进行特异性结合。反向引物"填充"序列后连接AATT序列，其他与正向引物相似，但两者的"填充"序列在组成上必须不同，主要与内含子区域、启动子区域进行特异性结合。因不同材料内含子、启动子与外显子的间隔长度不等而产生多态性。另外，在PCR扩增中，前5个循环退火温度设为35℃，可以使引物与模板DNA尽可能地匹配，随后的35个循环都保持在50℃，可以保证扩增产物的特异性，扩增产物在变性聚丙烯酰胺凝胶或琼脂糖凝胶上进行分离检测。

由于SRAP技术具有简便、稳定，并在基因组中分布均匀等特点，在种质资源鉴定、遗传多样性分析、基因定位、基因克隆、遗传图谱构建等分子生物学研究等方面具有广泛的应用前景。

二、实验目的

1. 了解遗传多样性的研究方法和意义，掌握常用的分子标记技术的原理和方法。
2. 学会运用PopGen32等软件分析群体的遗传多样性。

三、实验过程

（一）实验准备

1. 查阅文献，确定研究内容和实验方案

最好选择实验室现有的材料，根据实验室实际条件确定具体的研究内容。根据研究背景中介绍的遗传多样性研究的方法，设计详细的、可行的研究方案。

2. 准备实验试剂、器具等

（1）试剂：Taq DNA聚合酶（5U/μL）、10× PCR Buffer（不含Mg^{2+}）、$MgCl_2$（25 mM）、dNTP（2.5mM）、Marker DL 2000、引物（根据分子标记原理设计）、无菌ddH_2O、琼脂糖、TAE电泳缓冲液×10、Gold View核酸染料、亲和硅烷、剥离硅烷、冰醋酸（HAc）、丙烯酰胺/甲叉双丙烯酰胺溶液[（Acryl/Bis solution）(29:1)(40%)]、二甲苯青、溴酚蓝、尿素、无水碳酸钠、硝酸银（$AgNO_3$）、硫代硫酸钠、过硫酸铵、TEMED、甲醛等。

（2）器材：0.2mL PCR微量管、移液器吸头、微量移液器、台式离心机、PCR仪、超净工作台、琼脂糖凝胶电泳系统、凝胶成像系统、变性聚丙烯酰胺凝胶电泳系统等。

（二）实验操作

1. DNA提取

植物基因组DNA的提取和纯化参照实验十三，将纯化后的DNA稀释为50ng/μL工作液，放入4℃冰箱里备用。

2. PCR 扩增及电泳

PCR 反应体系优化→引物对筛选→PCR 扩增→琼脂糖凝胶电泳或聚丙烯酰胺凝胶电泳。

3. 数据分析

(1) 记录数据

一般 DNA 指纹分析的结果为二元性状，每 1 条带(DNA 片段)为 1 个分子标记，表示引物的 1 个结合位点，对清晰的带(包括强带和清晰可辨的弱带)，在相同迁移位置上有带记录为 1，无带记录为 0，表示引物没有此结合位点，统计各引物的多态性位点，建立由"0、1"组成的二元数据矩阵数据库。

(2) 统计处理

采用 PopGen32 软件计算基因分化系数(Gst：Genetic differentiation)、基因流[Nm：Gene flow, Nm=0.5(1+Gst)/Gst]、等位基因数(Na：Observed number of alleles)、有效等位基因数(Ne：Effective number of alleles)、Nei's 基因多样[H：Nei's(1973)gene diversity]、Shannon 信息指数(I：Shannon's Information index)、多态位点百分率(P：The percentage of polymorphic loci)、Nei's 遗传距离(Dg：Genetic distance)、Nei's 遗传相似系数(Sg：Genetic similarity coefficient)。

也可采用其他生物信息学软件如 NTSYSpc v2.1 分析处理数据。

四、实验结果与分析

详细记录实验过程，正确处理和分析数据，对获得的结果进行讨论。

五、实验作业

严格按照格式撰写一篇科技论文。

六、小组报告交流

报告小组研究结果，总结实验过程中遇到的问题和解决的方案。

实验三十七 mRNA 差异显示技术分离差异表达基因

一、研究背景

高等生物体内大约有 100000 个基因,但在生物体内任意细胞中只有少部分(占 2%~15%)的基因得以表达,这些基因的表达是按时间和空间顺序有序地进行着,这种表达的方式即为基因的差异表达。生物体表现出的各种特性如个体的生长、发育、衰老、死亡,到组织的分化、凋亡以及细胞对各种生物、理化因子的应答,主要是由于基因的差异表达引起的。调查了解这一小部分特异表达的基因,是人类研究生命过程本质的入口。在 20 世纪 80 年代,检索特异表达基因常用方法有差异杂交,构建减法基因库和蛋白质双向电泳等方法,但这些方法比较复杂、实验周期长、效率低。在 20 世纪 90 年代初,一种快速、简便、重复性好的新方法——mRNA 差异显示法(mRNA differential display)就应运而生了。该方法是在 PCR 技术基础上发展起来的一种有效分离未知基因的方法,也是研究不同条件、不同组织或细胞发育中基因差异表达的有效方法。该技术自从 1992 年由美国波士顿 Dena-Farber 癌症研究所的 Liang Peng 博士和 Arthur Pardee 博士创立以来,已广泛应用于农业、胚胎发育、医学、遗传病、药物、肿瘤等领域。

mRNA 差异显示法也称为差示反转录 PCR(differential display of reverse transcriptional PCR,简称 ddRT-PCR),它是将 mRNA 反转录技术与 PCR 技术相结合发展起来的一种 RNA 指纹图谱技术。它是根据绝大多数真核细胞 mRNA 3′端具有多聚腺苷酸尾(polyA)结构,因此,可用含 Oligo(dT)的寡聚核苷酸为引物将不同的 mRNA 反转录成 cDNA。此 cDNA 的合成采用 Oligo(dT)12MN 引物,其中 M 为 A、C、G 中的任何一种,N 为 A、C、G 或 T 中的任何一种,所以共有 12 种 Oligo(dT)12MN,其中 M 称为锚定碱基,起增大引物 Tm 值的作用,N 称为分类碱基,对反转录进行分类。用这 12 种引物分别对同一种 RNA 样品进行 cDNA 合成,即进行 12 次不同的反转录反应,从而使反转录的 cDNA 具有 12 种类型,也就是对 cDNA 进行 12 种归类(目前较为流行的是进行 4 种归类,即 M 以兼并碱基的形式存在),在此基础上对每一类 cDNA 进行随机引物和反转录引物 PCR 扩增。经 PCR 扩增能产生出 20000 条左右的 DNA 条带,其中每一条都代表一种特定 mRNA,这一数字大体涵盖了在一定发育阶段某种细胞类型中所表达的全部 mRNA。将差别表达条带中的 DNA 回收,扩增至所需含量,进行 Southern Blot 或 Northern Blot 或直接测序,从而对差异条带鉴定分析,以便最终获得差异表达的目的基因。

二、实验目的

1. 掌握 mRNA 差异显示法分离目的基因的原理、技术和实验流程。
2. 学会利用生物信息学的相关网站对提取的目的基因进行结构和功能的分析。

三、实验过程

（一）实验准备

1. 查阅文献，确定实验内容和实验方案
2. 准备实验试剂和器具
（1）试剂
准备 RNA 提取、逆转录、PCR 扩增、PAGE 凝胶检测等相关实验试剂、试剂盒等。
（2）器具
基因扩增仪、凝胶成像系统、超低温冰箱、PCR 超净台、电泳仪、低温冷冻离心机、高速离心机、核酸定量仪、电热鼓风干燥箱、电泳槽、脱色摇床、液氮罐、紫外分光光度计等。
塑料器皿，如离心管、Tip 头等用 0.1% 的 DEPC 水 37℃ 浸泡 4h，高压灭菌并烘干后使用；玻璃器皿经 180℃ 烘烤 4h 以上，冷却备用。

（二）实验操作

基本实验流程为：设计引物序列→组织样品总 RNA 的提取→去除 RNA 样品中的微量 DNA→RNA 的琼脂糖凝胶剂紫外分光光度计检测→逆转录反应体系的建立→PCR 选择性扩增→mRNA dd PCR 产物的变性聚丙烯酰胺凝胶电泳→差异表达条带的回收→回收条带的再次扩增→二次扩增产物的克隆、测序和生物信息学分析。

四、实验结果与分析

采用生物信息学方法分析差异表达基因序列。

五、实验作业

严格按照格式完成科技论文。

六、小组报告交流

报告小组研究结果，总结实验过程中遇到的问题和解决的方案。

【注意事项】

1. 提取 RNA 要严格操作,首先要保证 RNA 的完整性,不被 RNase 降解,得到的 RNA 必须经 DNase 充分消化,去除痕量 DNA 的污染。

2. 降低假阳性率的方法:①避免基因组 DNA 的污染。②严格回收稳定出现的差异条带,再将回收的二次扩增产物与首次 PCR 产物进行比较,以进一步证实扩增的特异性。③严格把握试验材料,所采用试验材料间的遗传背景差异越小,假阳性越低,分离的基因片段与性状间的相关性越强。

3. 电泳时胶面沉积的尿素和气泡要清洗干净。

4. 改同位素放射自显影方法为银染差异显示方法,显色温度为 4℃~12℃,该法简便(从 RNA 提取到差异条带回收仅需 2~3d),而且假阳性率很低,具有更高的灵敏性且可得到清晰条带。

实验三十八　目的基因的原核表达及检测

一、研究背景

原核表达是指通过基因克隆技术，将外源目的基因，通过构建表达载体并导入表达菌株的方法，使其在特定原核生物或细胞内表达。使克隆的基因在原核细胞中表达对理论的研究和实验的应用都有十分重要的意义。克隆的基因只有通过表达才能探索和研究基因的功能以及基因表达调控的机理，克隆基因表达出所编码的蛋白可对其进行结构和功能的研究。有些具有特定生物活性的蛋白质在医学上、以至于工业上都是有应用价值的，可以克隆其基因使之在宿主细胞中大量表达而获得。

一个完整的表达系统通常包括配套的表达载体和表达菌株。如果是特殊的诱导表达还包括诱导剂，如果是融合表达还包括纯化系统或者Tag检测等等。选择表达系统通常要根据实验目的来考虑，比如表达量高低、目标蛋白的活性、表达产物的纯化方法等等。

1. 表达载体

要使克隆基因在宿主细胞中表达，就要将它放入带有基因表达所需要的各种元件的载体中，这种载体就称为表达载体。克隆基因可以放在不同的宿主细胞中表达，可用大肠杆菌、枯草杆菌等。对不同的表达系统，需要构建不同的表达载体。

原核表达载体通常为质粒，典型的表达载体应具有以下几种元件：
①选择标志的编码序列；
②可控转录的启动子；
③转录调控序列（转录终止子，核糖体结合位点）；
④一个多限制酶切位点接头；
⑤宿主体内自主复制的序列。

2. 表达菌株

表达菌株往往是我们最容易忽视的一点。目前绝大多数重要的目的基因都是在大肠杆菌中表达的。不同的表达载体对应有不同的表达菌株，一些特别设计的菌株更有助于解决一些表达难题。

克隆基因在不同的系统中表达成功的把握性，取决于我们对这些系统中基因表达调控规律的认识程度。由于在体内很难分析单个蛋白质的作用，我们进行大量表达和纯化是为了在体外进行研究，如酶的活性分析、结构分析以及结合研究等。

将外源基因克隆在含有 *lac* 启动子的pET-30表达载体中，让其在 *E. coli* 中表达。

先让宿主菌生长，lacI 产生的阻遏蛋白与 lacI 操纵基因结合，从而不能进行外源基因的转录与表达，此时宿主菌正常生长。然后向培养基中加入 lac 操纵子的诱导物 IPTG(异丙基硫代-β-D-半乳糖)，阻遏蛋白不能与操纵基因结合，则 DNA 外源基因大量转录并高效表达。表达蛋白可经 SDS-PAGE 检测或做 Western-blotting，用抗体识别之。原核生物绝大多数基因按功能相关性成簇地串联、密集于染色体上，共同组成一个转录单位-操纵子(元)，如乳糖(*lac*)操纵子、阿拉伯糖(*ara*)操纵子及色氨酸(*trp*)操纵子等。操纵子机制在原核基因调控中具有较普遍的意义。

目标基因被克隆到不为大肠杆菌 RNA 聚合酶识别的 T7 启动子之下，因此在加入 T7 RNA 聚合酶之前几乎没有表达发生。克隆到 pET 载体的基因实际上是被关闭的，不会由于产生的蛋白对细胞有毒性而引起质粒不稳定。重组质粒转移到染色体上含有一拷贝由 lacUV5 控制的 T7 RNA 聚合酶基因的表达宿主中，并通过加入 IPTG 诱导表达；使用大肠杆菌启动子系统(如 *tac*、*lac*、*trc*、*pL*)有困难的许多基因已经在 pET 系统中稳定克隆和表达。T7 RNA 聚合酶的选择性和活性使得几乎所有细胞资源都用于目标基因表达。诱导后几小时目标产物就可超过细胞总蛋白的 20%。

二、实验目的

1. 通过本实验了解外源基因在原核细胞中表达的特点和方法。
2. 学习 SDS-PAGE 的基本操作，学会用 SDS-PAGE 检测蛋白。

三、实验过程

(一)实验准备

1. 查阅文献，确定实验内容和实验方案
2. 准备实验材料、试剂和器具
(1)材料：基因工程菌株(实验室保存，也可以自己构建)。
(2)试剂：酵母提取物(yeast extract)、胰化蛋白胨(tryptone)、氯化钠(NaCl)、甘油、氨苄青霉素(ampicillin, Amp)、异丙基硫代-b-D-半乳糖(IFTG)、十二烷基硫酸钠(SDS)、丙烯酰胺(Acr)、N'，N'-亚甲基双丙烯酰胺(Bis)、三羟甲基氨基甲烷(Tris)、甘氨酸(Gly)、盐酸(HCl)、过硫酸铵(Aps)、四甲基乙二胺(TEMED)、低相对分子质量标准蛋白、溴酚蓝、甘油、冰醋酸、乙醇、巯基乙醇、琼脂、考马斯亮蓝 R250、10% SDS、30% Acr/Bis、10% APS、上样缓冲液、电泳缓冲液、考马斯亮蓝染色液、脱色液等。
(3)主要器具：恒温摇床、恒温水浴器、恒温培养箱、超净工作台、台式离心机、超速冷冻离心机、高压蒸汽灭菌锅、蛋白质电泳系统、脱色摇床、凝胶成像仪、超低温冰箱等。

(二)实验操作

1. 外源基因在大肠杆菌中的诱导表达
(1)诱导剂浓度和诱导时间对目的蛋白有很大影响，可参考相关文献，设计具体实验来确定目的蛋白的最佳诱导剂浓度和诱导时间。

(2)根据自己的需要选择不同的表达载体,并注意不同的表达载体上的融合标签和携带的抗性基因,其中有些标签是可以去除的。

2. SDS-PAGE 检测表达蛋白

3. 凝胶成像仪检测分析与拍照

四、实验结果与分析

通过实验找到最佳诱导剂浓度和诱导时间,并分析电泳图谱。

大肠杆菌表达目的蛋白分子的相对分子质量为 47×10^3 Da,在阳性菌表达蛋白样品中,在此位置有明显条带(图 38-1、38-2)。

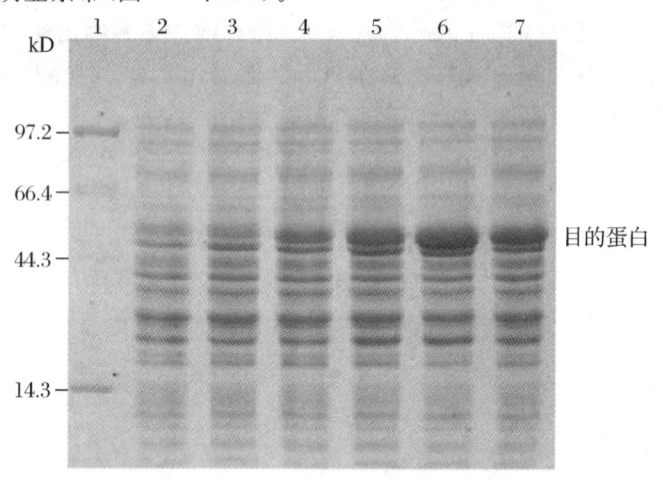

图 38-1　不同诱导剂浓度目的蛋白 PAGE 分析

1. 低分子量 protein marker　2. 未诱导 *E. coli* TOP10F'

3~7. 诱导剂浓度分别为 2×10^{-5}%,2×10^{-4}%,2×10^{-3}%,2×10^{-2}%,2×10^{-1}%

图 38-2　不同诱导时间目的蛋白 PAGE 分析

1. 未诱导 *E. coli* TOP10F'　2. 低分子量 protein marker

3~10. 诱导时间分别为 3h,4h,5h,6h,7h,8h,10h,12h

五、实验作业

严格按照格式完成科技论文。

六、小组交流汇报

报告小组研究结果,总结实验过程中遇到的问题和解决的方案,如包涵体的出现是目的基因的原核表达中常见问题,其发生原因是什么,如何解决等等?

七、注意事项

1. 丙烯酰胺为神经毒剂,使用时要小心,操作请务必戴手套。
2. 过硫酸铵需新鲜配制,并注意浓度,否则影响胶凝固。
3. 所有操作尽量在冰上操作,以避免蛋白质发生变性。
4. 包涵体蛋白溶液保存在 4℃,避免反复冻融,否则体系不稳定,蛋白以沉淀析出;胞质蛋白不能在 4℃ 放置很久,因为上清中含有很多蛋白酶,会把靶蛋白降解掉。

实验三十九 植物转基因实验

一、研究背景

植物转基因是指把从动物、植物或微生物中分离到的目的基因通过各种方法转移到植物基因组中,使之稳定遗传并赋予植物新的性状,如抗虫、抗病、抗逆、高产、优质等。

(一)植物基因转化的方法

目前已发展了许多用于植物基因转化的方法,这些方法可分为3大类:一类是载体介导的转化方法;第二类为基因直接导入法;第三类为种质系统法等。

1. 载体介导的转化方法

(1)根癌农杆菌介导的转化

根癌农杆菌(Agrobacterium tumefaciens)是普遍存在于土壤中的一种革兰氏阴性细菌。它能在自然条件下感染大多数双子叶植物的受伤部位,并诱导产生冠瘿瘤(crown gall tumor)。根癌农杆菌细胞中含有Ti质粒(tumor-inducing plasmid,瘤诱导质粒)。在Ti质粒上有一段T-DNA(T-DNA region),即转移-DNA(transfer-DNA),又称为T区(T region)。根癌农杆菌通过侵染植物伤口进入细胞后,可将T-DNA插入植物基因组中。因此,根癌农杆菌是一种天然的植物遗传转化体系。人们将目的基因插入经过改造的T-DNA区,借助根癌农杆菌的感染实现外源基因向植物细胞的转移与整合,然后通过细胞和组织培养技术,再生出转基因植株。

目前已建立了多种根癌农杆菌Ti质粒介导的植物基因转化方法,如叶盘转化法、原生质体共培养转化法和整株感染法等,其基本程序包括:含重组Ti质粒的根癌农杆菌的培养、选择合适的外植体、根癌农杆菌与外植体共培养、外植体脱毒及筛选培养、转化植株再生等步骤。

(2)发根农杆菌介导的转化

发根农杆菌(Agrobacterium rhizogenes)是与根癌农杆菌同属的一种病原土壤杆菌。但发根农杆菌从植物伤口入侵后,不能诱发植物产生冠瘿瘤,而是诱发植物产生许多毛状根或发状根(hairy root)。发状根的形成是由存在于发根农杆菌中的Ri质粒(root inducing plasmid,根诱导质粒)所导致的。

Ri质粒是发根农杆菌染色体外的遗传物质。Ri质粒和Ti质粒不仅结构、特点相似,而且具有相同的寄主范围和相似的转化机理。与Ri质粒转化相关的也主要为Vir区和T-DNA区两部分。Ri质粒的T-DNA也存在冠瘿碱合成基因,且这些合成基因只能在被侵染的真核细胞中表达。与 Ti 质粒的 T-DNA 不同的是，Ri 质粒的 T-DNA 上的基因不影响植株再生。因此，野生型 Ri 质粒可以直接作转化载体。

与 Ti 质粒相同，Ri 质粒基因转化载体的构建也主要采用共整合载体和双元载体系统。由 Ri 质粒诱发产生的不定根组织，经离体培养后，一般都可再生完整的植株。因此，利用 Ri 质粒作为转基因植物的载体，同样具有诱人的前景。

(3) 病毒介导的转化

病毒载体能将外源基因导入植物的所有组织和细胞中，而且不受单子叶或双子叶的限制。RNA 不太适合于作为克隆载体，因为 RNA 的操作非常困难。目前较为成熟的植物病毒载体是花椰菜花斑病毒(cauliflower mosaic virus, CaMV)和番茄金花叶病毒(tomato golden mosaic virus, TGMV)。

2. 基因直接导入法

(1) 基因枪介导的转化

基因枪转化的基本步骤如下：①受体细胞或组织的准备和预处理。②DNA 微弹的制备。③受体材料的轰击。④轰击后外植体的培养和筛选。

基因枪转化率差异很大，一般在 $10^{-3} \sim 10^{-2}$ 之间。相对于农杆菌介导的转化率要低得多。而且基因枪转化成本高、嵌合体比率大、遗传稳定性差。此外，通过基因枪法整合进植物细胞基因组中的外源基因通常是多拷贝的，可导致植物自身的某些基因非正常表达，还可能发生共抑制现象(co-suppression)。即使这样，该方法也得到了广泛应用，因其具有如下优点：①单子叶植物和双子叶植物都可以应用。②可控度高，操作简便迅速。③受体类型广泛，几乎所有具有分生潜力的组织或细胞都可以用基因枪进行轰击。④可将外源基因导入植物细胞的细胞器，并可得到稳定表达。

(2) 聚乙二醇法

聚乙二醇法(Polyethylene Glycol, PEG)的原理是它可使细胞膜之间或使 DNA 与膜形成分子桥，促使相互间的接触和粘连，并可通过改变细胞膜表面的电荷，引起细胞膜透性的改变，从而诱导原生质体摄取外源基因 DNA。

PEG 转化法操作简单、成本低。得到的转化体嵌合体很少，受体植物不受种类的限制，结果比较稳定，重复性好。但由于建立作物原生质体再生系统较为困难，加之 PEG 转化法对原生质体活力的有害作用，使转化率降低，一般在 $10^{-5} \sim 10^{-3}$ 之间。

(3) 脂质体法

脂质体(liposome)法是根据生物膜的结构和功能特征，用磷脂等脂类化学物质合成的双层膜囊将 DNA 或 RNA 包裹成球状，导入原生质体或细胞，以实现遗传转化的目的。

脂质体法有多方面的优点，如脂质体可以保护 DNA 在导入细胞之前免受核酸酶的降解作用；降低对细胞的毒害效应；包裹在脂质体内的 DNA 可以稳定贮藏；适应的植物种类广泛，重复性好等。

(4) 电击法

电击法(eletroporation)也称电穿孔法，其原理是利用高压电脉冲作用在原生质体上"电击穿孔"，形成可逆的瞬间通道，从而促进外源目的基因的摄入。随着技术的改进，并与化学法结合，目前该法的转化率高达 1.2%。

电击法的优点是操作简便,特别适合于瞬间表达研究;缺点是必须经过原生质体培养,加上电穿孔易造成原生质体损伤,使其再生率降低。将电击法与 PEG 转化法、脂质体法和激光微束法等技术结合使用及不断改进技术,都可有效提高转化率。

(5)超声波法

超声波是指频率高于 20kHz,人耳一般听不见的声波。超声波转化(ultrasonic transformation)法就是利用低声强脉冲超声波的生物学效应击穿细胞膜造成通道,从而使外源 DNA 进入细胞。此转化途径可以避免脉冲高压对细胞的损伤作用,有利于原生质体的存活。此外,该法具有操作简便、设备便宜、不受宿主范围限制等优点。但该转化方法尚待进行更深入的研究使之完善。

(6)激光微束法(laser microbeam)

将激光聚焦成微米级的微束照射细胞后,利用其热损伤效应使细胞壁上产生可恢复的小孔,使加入细胞培养基里的外源基因进入植物细胞,从而实现基因的转移。该法具有操作简便、适用性广、不受宿主范围限制、能转化细胞器等优点。但该方法因仪器昂贵,转化率较低,故有待于进一步研究和完善。

(7)显微注射法(microinjection)

利用显微注射仪将外源基因直接注入已固定的植物细胞的细胞核或细胞质中,从而实现基因转移。受体细胞最初仅用原生质体,现在已发展成为适用于带壁的悬浮细胞、花粉粒、卵细胞、子房等。

显微注射法突出的优点是转化率高,整个操作过程对受体细胞无药物毒害,有利于转化细胞的生长发育。其缺点是操作繁琐耗时、工作效率低,并需精细的操作技术和精密的仪器设备。

(8)碳化硅纤维介导转化法

碳化硅纤维介导转化(silicon carbide fiber mediated transformation)法是将细胞或组织的培养物与质粒 DNA 及直径为 $0.6\mu m$,长度为 $10\sim80\mu m$ 的针状的碳化硅纤维混合,借助于在涡旋振荡引起的相互碰撞过程中纤维对细胞的穿刺作用,而将附着于纤维上的 DNA 导入细胞,实现植物细胞的转化。碳化硅纤维介导转化法是一种简单、快速和经济的将 DNA 导入植物完整细胞的方法。该方法操作简便、成本低,而且能较好地控制转化的 DNA 数量。但也有不足之处:一是转化后细胞的生活率下降;二是这种方法现在只限于以悬浮细胞为受体的转化。

3. 种质系统法

以植物自身的种质细胞为媒介,特别是植物的生殖系统细胞(花粉、卵细胞、子房和幼胚等)以及细胞的结构,将外源 DNA 导入完整植物细胞,实现遗传转化的技术称为种质转化系统(germ line transformation)。目前常用的种质系统转化法有以下几种:

(1)花粉管通道法

花粉管通道法(pollen-tube pathway)的主要原理:在授粉后向子房注射含目的基因的 DNA 溶液,利用植物在开花、受精过程中形成的花粉管通道,将外源 DNA 导入受精卵细胞,并进一步地被整合到受体细胞的基因组中,随着受精卵的发育而成为带转基因的新个体。

花粉管通道法的最大优点是不依赖组织培养人工再生。由于转化的是完整植株的卵细胞、受精卵或早期胚胎细胞，导入的 DNA 分子整合效率较高。但该法的使用在时间上受到开花季节的限制。花粉管通道法的成株转化率一般在 $10^{-2} \sim 10^{-1}$ 之间。

目前花粉管通道法已应用于水稻、小麦、棉花、大豆、花生、蔬菜等作物的转基因研究。利用这一技术我国已选育出棉花、水稻、小麦等新品种，如棉花 3118、湘棉 12 号、水稻 GER-1 等。我国目前推广面积最大的转基因抗虫棉就是用花粉管通道法培育出来的。

(2) 浸泡转化法

所谓浸泡转化(imbibition transformation)法就是指将种子、胚、胚珠、子房、幼穗甚至幼苗等直接浸泡在外源 DNA 溶液中，利用渗透作用可将外源基因导入受体细胞并得到整合与表达的一种转化方法。

浸泡转化法的原理是利用植物细胞自身的物质运转系统将外源 DNA 直接导入受体细胞。浸泡转化法是植物转基因技术中最简单、快速、便宜的一种转化方法。但该法的转化率较低、重复性较差，而且筛选和检测也比较困难。

(3) 胚囊、子房注射法

胚囊、子房注射法是指使用显微注射仪将外源 DNA 溶液注入子房或胚囊中，由于子房或胚囊中产生高的压力及卵细胞的吸收使外源 DNA 进入受精的卵细胞中，从而获得转基因植株。胚囊、子房注射法是一种简单可行的转化途径，特别对那些子房大、多胚珠的植物更加适合。

(二) 转基因植物的筛选和鉴定方法

目前已发展出一系列的转基因植物的筛选和鉴定方法。这些鉴定和筛选方法，根据检测的基因功能可划分为调控基因(包括启动子、终止子等检测、选择标记基因)检测和目的基因直接检测法。根据检测的不同阶段区分，有整合水平检测法和表达水平的检测法，表达水平的检测法包括转录水平检测法和翻译水平检测法。外源基因整合检测方法主要有 Southern 杂交、PCR、PCR-Southern 杂交、原位杂交和 DNA 分子标记技术法等。转录水平的检测法有 Northern 杂交和反转录 PCR(reverse transcribed PCR，RT-PCR)检测等。翻译水平的检测法有酶联免疫吸附法(enzyme linked immuno sorbent assay，ELISA)和 Western 杂交。表达水平的检测法中最简便和使用广泛的为利用报告基因检测法。这里只侧重介绍基于选择标记基因和报告基因的筛选和鉴定方法。

1. 选择标记基因检测法

在构建植物表达载体时，除含有目的基因和各种表达调控元件外，一般情况下还插入了供选择用的选择标记基因(selectable marker gene)。经过遗传转化，所有这些表达载体上的插入序列一同整合到受体植物染色体基因组中。

选择标记基因简称为标记基因(marker gene)，是指其编码产物能够使转化的细胞、组织具有对抗生素或除草剂的抗性，或者使转化细胞、组织具有代谢的优越性。其主要功能是该基因的产物赋予转化的植物细胞产生一种选择压力，致使未转化的细胞在使用选择剂条件下不能生长、发育和分化。而转化细胞对该选择剂具有抗性，可以继续存活，因而有利于从大量的细胞或组织中筛选出转化细胞及植株。该方法已成为植物遗传转化中一种较为方便、快捷的转基因植物鉴定方法。

2. 报告基因检测法

报告基因(reporter gene)是指其编码产物能够被快速地测定,常用来判断外源基因是否已成功导入受体细胞、组织或器官,并检测其表达活性的一类特殊用途的基因。可见报告基因实质是起到了判断目的基因是否已经成功导入受体细胞并且表达的标记基因的作用。

Gus(β-glucuronidase)基因作为一种报告基因,在植物遗传转化研究中有广泛的用途。Gus 基因来自于大肠杆菌,编码 β-葡聚糖苷酶(一种水解酶),可催化底物 5-溴-4-氯-3-吲哚葡聚糖醛酸苷(5-bromo-4-chloro-3-indolyl-glucronide,缩写为 X-Gluc)分解,产生肉眼可见的深蓝色化合物,借此来观察转基因植物中外源基因的表达情况,鉴定转基因植株。

二、实验目的

1. 了解植物转基因技术的原理和方法。
2. 了解转基因植物的筛选和鉴定的基本过程。
3. 掌握农杆菌介导的植物转基因的原理和方法。

三、实验过程

(一)实验准备

1. 查阅文献,确定研究内容和研究方案
2. 准备实验试剂和器具
(1)实验材料

植物材料:如烟草 W38(*Nicotiana tobacum* cv. Wisconsin 38)无菌苗。

菌株及质粒:根瘤农杆菌菌株为 EHA105,并含携带 *DFR* 基因的 p1304$^+$ 重组质粒。由于 p1304$^+$ 质粒本身带有 *NPT* II 基因,因此农杆菌具卡那霉素抗性,T-DNA 区带有潮霉素抗性基因(*hyg*)。

(2)试剂:MS 培养基、YEP 培养基、分化培养基、生根培养基、乙酰丁香酮(AS)、羧苄青霉素(Cb)、卡那霉素(Kan)、利福平(Rif)等。

(3)仪器:超净工作台、高压灭菌锅、紫外/可见分光光度计、台式离心机、冷冻台式离心机、PCR 扩增仪、电泳仪及水平电泳槽、紫外透射仪、自动双重纯水蒸馏器、光照培养箱等。

(二)实验操作

1. 农杆菌的培养

在培养平板上挑取工程菌单菌落在 1mL 农杆菌培养基 YEP(含 Rif、Kan 抗生素)中过夜培养(200r/min,28℃),在 50mL 农杆菌培养基中(含相应抗生素)加入 1mL 上述培养物,培养 5~6h 至 OD_{600} 为 0.6~1.0,培养结束前 2h 加入乙酰丁香酮(AS,终浓度

100μM)。取上述菌液在室温下离心,4000r/min,10min,弃上清,加入 MS 液体培养基(含 AS 100 μM)重悬菌体,在与上相同的条件下培养 2h,使菌液的 $OD_{600}=0.5$ 左右,此时可用来转化烟草外植体。

2. 共培养

剪取烟草无菌苗的叶片($1cm^2$ 左右大小,去掉主叶脉和叶缘),放入根癌农杆菌 MS 悬液中浸泡 5min,倒出悬液,用无菌吸水纸吸干叶片表面余菌,转到共培养培养基 MS 上,25℃暗培养 48h。

3. 转基因烟草的诱导和再生

将共培养的外植体转入分化培养基 MS(添加 NAA 0.05mg/L+6-BA 1.0mg/L)+Cb(羧苄青霉素)200mg/L+Hyg(潮霉素)20mg/L 上于 25℃光照培养。一个月左右后,再继代在 MS+Cb 200mg/L+Hyg 20mg/L 培养基上培养数周,即可从叶盘上长出再生抗性芽。剪取再生芽继代到生根培养基 MS(添加 IBA 0.1mg/L)+Hyg 20mg/L+Cb 200mg/L。4 周后,炼苗,移栽到实验地,常规种植管理并严格与外环境隔离。

4. 转基因植物的 PCR 检测

(1) 植物基因组 DNA 的提取

(2) PCR 扩增检测

取转基因烟草、对照烟草和重组质粒 p1304[+] DNA 作 PCR 反应模板,每个离心管中加入 50μL 反应混合液。反应混合液包含:$MgCl_2$,dNTP,Taq 酶,PCR Buffer,DFR 基因扩增引物对(5′-atggtggacggtaatcatccaa-3′;5′-tcaagcttttaagggcactacc-3′)。并设两个空白对照,即分别没有 DNA 和没有引物。先 95℃预变性 5min,然后进行下列循环:95℃变性 55s,56℃退火 55s,72℃延伸 55s,35 个循环。最后,72℃延伸 10min。

(3) PCR 扩增产物的检测

PCR 完毕后,取 5μL 扩增产物在 1.5% 的琼脂糖凝胶上电泳,电压为 5V/cm,电解缓冲液为 1×TAE(40mmol/L Tris-乙酸,1mmol/L EDTA),凝胶中含有 0.05% 的溴化乙啶,以 DL2000 作为分子量标记,在紫外透射仪上观察并照相记录。

四、实验结果与分析

1. 观察在含潮霉素培养基上转基因烟草的芽和根的生长情况。
2. 再生烟草植株的 PCR 检测目标产物的鉴定(图 39-1)。

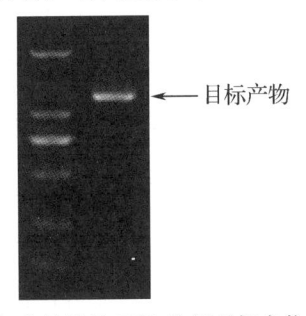

图 39-1 再生烟草植株的 PCR 检测目标产物的鉴定

五、实验作业

完成科技论文。

六、小组汇报交流

报告小组研究结果，总结实验过程中遇到的问题和解决的方案。

七、注意事项

1.转基因烟草的诱导再生培养基上需添加羧苄青霉素以除去农杆菌，以免对再生植株生长产生影响和对 PCR 检测结果的干扰。

2.使用潮霉素筛选转基因再生植株时，可以先用烟草无菌苗做潮霉素筛选压的预实验。

附录Ⅰ 常用试剂的配制

一、百分数溶液的配制

1.质量百分比浓度:100g 溶液中含有溶质的质量(g),也称重量百分数。公式表示为:
$$质量百分比浓度(m/M)\% = [溶质质量(g)/(溶质+溶剂)质量(g)] \times 100$$

2.体积百分比浓度:100mL 溶液中含有溶质的体积(mL)。公式表示为:
$$体积百分比浓度(V/V)\% = [溶质体积/溶液(溶质+溶剂)体积] \times 100$$

如 45%乙酸为:冰乙酸 45mL+蒸馏水 55mL。

3.质量体积百分比浓度:100mL 溶剂中含有溶质的质量(g)。如 0.1%秋水仙碱为 0.1g 秋水仙碱溶于 100mL 蒸馏水中。

二、摩尔浓度溶液的配制

摩尔浓度指 1L 溶液中含有溶质的摩尔数。如配 0.5mol/L 蔗糖溶液,蔗糖分子量 $C_{12}H_{22}O_{11}$ = 342.2g,取 0.5mol 蔗糖(171.1g)溶解于适量蒸馏水中,定容至 1000mL 即成。

三、常用试剂的配制

1.常用酸碱溶液的配制

名称(分子式)	比重(d)	含量(m/M%)	配制溶液的浓度(mol/L)				配制方法
			6	2	1	0.5	
盐酸(HCl)	1.18~1.19	36~38	500	167	83	42	量取所需浓度酸,缓缓加入适量水中,并不断搅拌,待冷却后定容至 1L
硝酸(HNO_3)	1.39~1.40	65~68	381	128	64	32	量取所需浓度酸,加水稀释成 1L
硫酸(H_2SO_4)	1.83~1.84	95~98	334	112	56	28	量取所需浓度酸,缓缓加入适量水中,并不断搅拌,待冷却后定容至 1L
磷酸(H_3PO_4)	1.69	85	348	108	54	27	同盐酸
冰乙酸(CH_3COOH)	1.05	70	500	167	83	42	同盐酸
氢氧化钠(NaOH)	2.10	40(分子量)	240	80	40	20	称取所需试剂,溶于适量水中,不断搅拌,冷却后用水稀释至所需浓度
氢氧化钾(KOH)	2.00	56.11(分子量)	339	113	56.5	28	同氢氧化钠

注:配制 1L 溶液所需要的体积(mL)[固体试剂为质量(g)]。其他浓度的配制可按表中数据按比例折算。

附录Ⅱ 遗传学实验室常用溶液配制

一、固定液

1. 卡诺氏(Carnoy's)固定液

卡诺氏Ⅰ：冰乙酸(V)：无水乙醇(V)＝1：3

卡诺氏Ⅱ：冰乙酸(V)：无水乙醇(V)：氯仿(V)＝1：6：3

这两种固定液渗透、杀死迅速，固定作用很快，植物根尖固定约需 15min，花粉囊约 1h，若固定时间太长(超过 48h)则会破坏细胞。固定液中的纯酒精固定细胞质，冰醋酸固定染色质，并可防止由于酒精而引起的高浓度收缩和硬化。Ⅰ液适用于植物，Ⅱ液适用于动物，也使用于植物。

2. 甲醇冰乙酸固定液

甲醇(V)：冰乙酸(V)＝3：1。

这种固定液主要用作动物细胞或组织固定，效果很好。

3. 福尔马林乙酸乙醇固定液(FAA)

用于动物的配方为：50％乙醇(柔软材料用，坚硬材料用 70％乙醇)90mL、冰乙酸 5mL、福尔马林 $[HO(CH_2O)_nH]$ 5mL。

用于植物胚胎的配方为：50％乙醇 89mL、冰乙酸 6mL、福尔马林 5mL。

该固定液称标准固定液，或万能固定液。用于形态解剖研究，对染色体观察效果较差，此液兼作保存液，材料可长期存放。

4. Lichent 固定液

配方：1％铬酸(H_2CrO_4)水溶液(g/V％)80mL、冰乙酸 5mL、福尔马林 15mL。

该固定液适于丝状藻类及一般菌类的固定。

二、预处理液

1. 1％秋水仙碱母液

称 1g 秋水仙碱或取原装 1g 秋水仙碱，先用少量酒精溶解，再用蒸馏水稀释至 100mL，冰箱贮藏，备用。其他浓度的秋水仙碱溶液可以此稀释得到。

2. 0.02mol/L 8-羟基喹林

取 0.002moL 的 8-羟基喹林溶于 100mL 蒸馏水中。

3. 饱和对二氯苯溶液

在 100mL 蒸馏水中加对二氯苯直至饱和状态。

三、解离液

1. 盐酸乙醇解离液

95％乙醇：浓盐酸＝1：1。

2. 1％果胶酶与纤维素酶混合液

果胶酶 1g、纤维素酶 1g 溶于 100mL 蒸馏水中。

3.2%纤维素酶和0.5%果胶酶混合液

纤维素酶2g,果胶酶0.5g,溶于100mL 0.1mol/L乙酸钠缓冲液(pH=4.5)中。

四、染色液

1. 醋酸洋红染液

取45%的乙酸溶液100mL,放入锥形瓶,加热至沸,移去火源,徐徐加入0.5～2g洋红,煮沸约5min或回流煮沸12h,冷却后过滤,再加1%～2%铁明矾水溶液数滴,直到此液变为暗红色不发生沉淀为止。也可悬入一小铁钉,过一分钟后取出,使染色剂中略具铁质,增强染色性能。滤液放入棕色瓶中盖紧保存,并避免阳光直射。此染液为酸性,适用于涂抹片,染色体染成深红色,细胞质染成浅红色,长久保存不褪色。

2. 丙酸洋红

丙酸洋红与醋酸洋红的配制过程相同,仅以45%的丙酸代替45%的醋酸。丙酸比醋酸更易溶解洋红,且细胞质着色比醋酸洋红浅。

3. 醋酸地衣红染液

取冰乙酸45mL,加热至近沸腾,徐徐加入0.5～2g地衣红,用玻璃棒搅动,微热至染料完全溶解,冷却后加入蒸馏水55mL,振荡,过滤。滤液放入棕色瓶中保存。该染液使染色体着色的效果比醋酸洋红更好,但易溶于乙醇,对用乙醇保存的材料要尽量除净乙醇。

4. 卡宝品红(改良石炭酸品红,改良苯酚品红)染液

原液A:取3g碱性品红溶于100mL的70%乙醇中(可长期保存)。

原液B:取原液A 10mL,加入90mL的5%石炭酸水溶液(限2周内使用)。

原液C:取原液B 45mL,加冰乙酸和福尔马林(37%甲醛)各6mL(可长期保存)。

染色液:取原液C 10～20mL,加45%的乙酸80～90mL,再加山梨醇1.8g,配成10%～20%的石炭酸品红液,一般两周以后使用着色能力显著加强。该染色液的浓度可根据需要而变更,淡染或长时间染色可用2%～10%的浓度,浓染可用30%浓度,再用45%乙酸分色。山梨醇为助渗剂兼有稳定染色液的作用,不加山梨醇也可以,但着色效果略差。此液具有醋酸洋红染色方便的优点,还具有席夫试剂只对核和染色体染色的优点,且染色效果稳定可靠。此液适于对动植物各种大小的染色体、体细胞染色体和减数分裂染色体染色,并具有相当牢固的染色性能,保存性好,室温下两年不变质。

5. 铁矾-苏木精染液

分别配制甲、乙两液,染色前配合使用。

甲液[4%硫酸铁铵(铁明矾)水溶液]:4g铁明矾,溶于100mL水中(现配现用,保持新鲜,铁明矾为紫色结晶,若为黄色则不能用)。

乙液(0.5%苏木精水溶液)(用前6周配制):取0.5g苏木精溶于5mL 95%乙醇中,充分溶解,制成10%苏木精乙醇溶液,贮藏于荫凉处,可保存3～6个月,使用时再加蒸馏水至100mL。

甲液、乙液不能混合,须分别使用。此液可显示染色体、染色质、核仁、线粒体、中心粒和肌纤维横纹等,使其呈深蓝色甚至黑色。

6. 席夫试剂及漂洗液

席夫试剂	1mol/L盐酸	10mL
	碱性品红	0.5g
	偏重亚硫酸钠(钾)	1g
	中性活性炭	0.5g
漂洗液(现配现用)	1mol/L盐酸	5mL
	10%偏重亚硫酸钠(钾)	5mL
	蒸馏水	100mL

席夫试剂的配制方法：将 100mL 蒸馏水加热至沸，移去火源，加入 0.5g 碱性品红再继续煮沸 5min，并随加随搅拌。冷却到 50℃ 过滤到棕色瓶中，此时加入 1mol/L 盐酸 10mL。再冷却到 25℃ 时加 1g 偏重亚硫酸钠(钾)，同时振荡一下，封闭瓶口，置暗处过夜，次日取出，液体应呈淡黄色或无色。若颜色过深，加 0.5g 中性活性炭，剧烈振荡 1min，过滤后于 4℃ 冰箱保存(或置阴凉处)并外包黑纸，以防长期暴露在空气中加速氧化而变色；如不变色可继续使用，如变为淡红色可再加少许偏重亚硫酸钠(钾)转为无色方可使用，出现白色沉淀不可再用。

7. 醋酸-铁矾-苏木精

0.5g 苏木精溶于 100mL 45% 冰醋酸中，用前取 3~5mL，用 45% 冰醋酸稀释 1~2 倍，加入铁矾饱和液(溶于 45% 醋酸中)1~2 滴，染色液由棕黄色变为紫色，立即使用，不能保存。

8. 丙酸-水合氯醛-铁矾-苏木精染色液

分别配制 A、B 两贮备液，染色前配合使用。

A 液：2g 苏木精溶于 100mL 50% 的丙酸中(可长期保存)。

B 液：0.51g 铁矾溶于 100mL 50% 的丙酸中(可长期保存)。

染色液：将 A、B 两液按 1∶1 的比例混合，每 5mL 混合液加入 2g 水合氯醛，存放一天后使用。此染色液只能用一个月，半月内效果最好，故不宜多配。

9. Giemsa 染液

一般先配成原液长期贮存。使用前根据需要用缓冲液将原液稀释，最好现配现用。

Giemsa 原液：Giemsa 粉　　1g
　　　　　　甘油　　　　　33mL
　　　　　　甲醇　　　　　45mL

在研钵内先用少量甘油与 Giemsa 粉混合，研磨至无颗粒为止，再将余下的甘油倒入，56℃ 恒温水浴中保温 2h，再加入 45mL 甲醇，充分搅拌，用滤纸过滤，于棕色细口瓶中保存，越久越好。使用时根据染色对象和目的配制不同浓度的使用液，一般用 1∶10 的 Giemsa 染液。

1∶10 的 Giemsa 染液：取 10mL Giemsa 原液，加 0.025mol/L PBS 缓冲液 100mL，充分混匀。现配现用最好，或避光保存。

10. 硫堇紫染液

硫堇紫原液：1g 硫堇溶解在 100mL 50% 的乙醇中。

硫堇紫染液：取硫堇紫原液 40mL，加 28mL Michaelis 缓冲液(pH 5.7±0.2)和 32mL 0.1mol/L 的 HCl，混匀。

11. 1% I-KI 溶液

取 2gKI 溶于 5mL 蒸馏水中，加入 1g 碘，待其溶解后再加入 295mL 蒸馏水，保存于棕色瓶中。

五、脱水剂

1. 乙醇

最常用的脱水剂，处理材料时由低浓度向高浓度移动，最后到无水乙醇中使水分完全脱去。各级乙醇浓度一般从 50%→75%→85%→95%→无水乙醇，也可从 10%→30%→50% 直到 100%，视材料要求而定。

2. 正丁醇

可与水及乙醇混合，使用后很少引起组织块的收缩与变脆。

3. 叔丁醇

作用同正丁醇，但效果更好，因价格昂贵，一般少用。材料经乙酸压片后，可逐步过渡到正(叔)丁醇中，如：10% 乙酸→40% 乙酸→正(叔)丁醇十冰乙酸(1∶1)→正(叔)丁醇，压片时如用 45% 乙酸，则可只用后两步。

六、透明剂

1. 二甲苯

应用最广,作用迅速。如材料水分未脱尽,遇二甲苯后,会发生乳状混浊。为避免材料收缩,应从无水乙醇逐步过渡到二甲苯中,即从无水乙醇→无水乙醇＋二甲苯(1∶1)→二甲苯。

2. 氯仿

可用来代替二甲苯,比二甲苯挥发快,渗透力较弱,材料收缩小,能破坏染色,已染色的切片不宜使用。

七、封藏剂

1. 加拿大树胶(Canada Balsam)

常用的封藏剂,其溶剂视透明剂而定,用二甲苯透明的,以二甲苯溶解;用正丁醇透明的,可溶于正丁醇,但绝不能混入水及乙醇。

2. 油派胶

有无色和绿色两种胶液,材料脱水到无水乙醇(或95％乙醇)后,即可用此胶封藏。

3. 甘油胶

优质白明胶1g,溶于6mL热蒸馏水中(40℃～50℃),加7mL甘油后,滴入2～3滴石炭酸防腐,过滤,可长期贮存,用时取一小部分,微热,融化。

八、渗透液

1. 低渗液(0.075mol/L)

氯化钾5.6g,蒸馏水1000mL。

2. 等渗液

柠檬酸钠2.2g,蒸馏水100mL。

九、洗液

重铬酸钾100g,浓硫酸100mL,水1000mL。先将重铬酸钾溶于水中,然后慢慢加入浓硫酸,缓慢搅拌使其不发热,若容器发热,温度很高时,可以停止加浓硫酸,待降温后再继续加入。配好后盛入密闭的玻璃容器中备用。

附录Ⅲ 常用缓冲液的配制

1. 甘氨酸-盐酸缓冲液(0.05M)

XmL 0.2M 甘氨酸＋YmL 0.2M 盐酸,再加水稀释至 200mL。

甘氨酸分子量＝75.07,0.2M 甘氨酸溶液含 15.01g/L。

pH	X	Y	pH	X	Y
2.2	50	44.0	3.0	50	11.4
2.4	50	32.4	3.2	50	8.2
2.6	50	24.2	3.4	50	6.4
2.8	50	16.8	3.6	50	5.0

2. 邻苯二甲酸-盐酸缓冲液(0.05M)

XmL 0.2M 邻苯二甲酸氢钾＋YmL 0.2M 盐酸,再加水稀释至 200mL。

邻苯二甲酸氢钾分子量＝204.23,0.2M 邻苯二甲酸氢钾溶液含 40.85g/L。

pH	X	Y	pH	X	Y
2.2	5	4.670	3.2	5	1.470
2.4	5	3.960	3.4	5	0.990
2.6	5	3.295	3.6	5	0.597
2.8	5	2.642	3.8	5	0.263
3.0	5	2.032			

3. 磷酸氢二钠-柠檬酸缓冲液

Na_2HPO_4 分子量＝141.98,0.2M 溶液含 28.40g/L。

$Na_2HPO_4 \cdot 2H_2O$ 分子量＝178.05,0.2M 溶液含 35.61g/L。

$C_6H_8O_7 \cdot H_2O$ 分子量＝210.14,0.1M 溶液含 21.01g/L。

pH	0.2M Na_2HPO_4/mL	0.1M 柠檬酸/mL	pH	0.2M Na_2HPO_4/mL	1M 柠檬酸/mL
2.2	0.40	19.6	5.2	10.72	9.28
2.4	1.24	18.76	5.4	11.15	8.85
2.6	2.18	17.82	5.6	11.60	8.40
2.8	3.17	16.83	5.8	12.09	7.91

续表

pH	0.2M Na₂HPO₄/mL	0.1M 柠檬酸/mL	pH	0.2M Na₂HPO₄/mL	1M 柠檬酸/mL
3.0	4.11	15.89	6.0	12.63	7.37
3.2	4.94	15.06	6.2	13.22	6.78
3.4	5.70	14.30	6.4	13.85	6.15
3.6	6.44	13.56	6.6	14.55	5.45
3.8	7.10	12.90	6.8	15.45	4.55
4.0	7.71	12.29	7.0	16.47	3.53
4.2	8.28	11.72	7.2	17.39	2.61
4.4	8.82	11.18	7.4	18.17	1.83
4.6	9.35	10.65	7.6	18.73	1.27
4.8	9.86	10.14	7.8	19.15	0.85
5.0	10.30	9.70	8.0	19.45	0.55

4. 柠檬酸-氢氧化钠-盐酸缓冲液

使用时可以每升中加入1g酚,若最后pH有变化,再用少量50%氢氧化钠溶液或浓盐酸调节,冰箱保存。

pH	钠离子浓度/M	柠檬酸 C₆H₈O₇·H₂O/g	氢氧化钠 NaOH/g	浓盐酸 HCl/mL	终体积/L
2.2	0.20	210	84	160	10
3.1	0.20	210	83	116	10
3.3	0.20	210	83	106	10
4.3	0.20	210	83	45	10
5.3	0.35	245	144	68	10
5.8	0.45	285	186	105	10
6.5	0.38	266	156	126	10

5. 柠檬酸-柠檬酸钠缓冲液(0.1M)

$C_6H_8O_7 \cdot H_2O$ 分子量=210.14,0.1M溶液含21.01g/L。

$Na_3C_6H_5O_7 \cdot 2H_2O$ 分子量=294.12,0.1M溶液含29.41g/L。

pH	0.1M 柠檬酸/mL	0.1M 柠檬酸钠/mL	pH	0.1M 柠檬酸/mL	0.1M 柠檬酸钠/mL
3.0	18.6	1.4	5.0	8.2	11.8
3.2	17.2	2.8	5.2	7.3	12.7

续表

pH	0.1M 柠檬酸/mL	0.1M 柠檬酸钠/mL	pH	0.1M 柠檬酸/mL	0.1M 柠檬酸钠/mL
3.4	16.0	4.0	5.4	6.4	13.6
3.6	14.9	5.1	5.6	5.5	14.5
3.8	14.0	6.0	5.8	4.7	15.3
4.0	13.1	6.9	6.0	3.8	16.2
4.2	12.3	7.7	6.2	2.8	17.2
4.4	11.4	8.6	6.4	2.0	18.0
4.6	10.3	9.7	6.6	104	18.6
4.8	9.2	10.8			

6. 乙酸-乙酸钠缓冲液(0.2M)

NaAc 分子量=136.09,0.2M 溶液为 27.22g/L。

pH	0.2M NaAc/mL	0.2M HAc/mL	pH	0.2M NaAc/mL	0.2M HAc/mL
3.6	0.75	9.25	4.8	5.90	4.10
3.8	1.20	8.80	5.0	7.00	3.00
4.0	1.80	8.20	5.2	7.90	2.10
4.2	2.65	7.35	5.4	8.60	1.40
4.4	3.70	6.30	5.6	9.10	0.90
4.6	4.90	5.10	5.8	9.40	0.60

7.磷酸盐缓冲液

(1)磷酸氢二钠-磷酸二氢钠缓冲液(0.2M)

$Na_2HPO_4 \cdot 2H_2O$ 分子量=178.05,0.2M 溶液含 35.61g/L。
$Na_2HPO_4 \cdot 12H_2O$ 分子量=358.22,0.2M 溶液含 71.64g/L。
$NaH_2PO_4 \cdot H_2O$ 分子量=138.01,0.2M 溶液含 27.6g/L。
$NaH_2PO_4 \cdot 2H_2O$ 分子量=156.03,0.2M 溶液含 31.21g/L。

pH	0.2M Na_2HPO_4/mL	0.2M NaH_2PO_4/mL	pH	0.2M Na_2HPO_4/mL	0.2M NaH_2PO_4/mL
5.8	8.0	92.0	7.0	61.0	39.0
5.9	10.0	90.0	7.1	67.0	33.0
6.0	12.3	87.7	7.2	72.0	28.0
6.1	15.0	85.0	7.3	77.0	23.0
6.2	18.5	81.5	7.4	81.0	19.0

pH	0.2M Na$_2$HPO$_4$/mL	0.2M NaH$_2$PO$_4$/mL	pH	0.2M Na$_2$HPO$_4$/mL	0.2M NaH$_2$PO$_4$/mL
6.3	22.5	77.5	7.5	84.0	16.0
6.4	26.5	73.5	7.6	87.0	13.0
6.5	31.5	68.5	7.7	89.5	10.5
6.6	37.5	62.5	7.8	91.5	8.5
6.7	43.5	56.5	7.9	93.0	7.0
6.8	49.5	51.0	8.0	94.7	5.3
6.9	55.0	45.0			

(2) 磷酸氢二钠-磷酸二氢钾缓冲液(1/15M)

Na$_2$HPO$_4$·2H$_2$O 分子量=178.05,1/15M 溶液含 35.61g/L。

KH$_2$PO$_4$ 分子量=136.09,1/15M 溶液含 9.078g/L。

pH	1/15M Na$_2$HPO$_4$/mL	1/15M KH$_2$PO$_4$/mL	pH	1/15M Na$_2$HPO$_4$/mL	1/15M KH$_2$PO$_4$/mL
4.92	0.10	9.90	7.17	7.00	3.00
5.29	0.50	9.50	7.38	8.00	2.00
5.91	1.00	9.00	7.73	9.00	1.00
6.24	2.00	8.00	8.04	9.50	0.50
6.47	3.00	7.00	8.34	9.75	0.25
6.64	4.00	6.00	8.67	9.90	0.10
6.81	5.00	5.00	9.18	10.00	0
6.98	6.00	4.00			

8. 磷酸二氢钾-氢氧化钠缓冲液(0.05M)

XmL 0.2M KH$_2$PO$_4$+YmL 0.2M NaOH,再加水稀释至 200mL。

pH(20℃)	X	Y	pH(20℃)	X	Y
5.8	5	0.372	7.0	5	2.963
6.0	5	0.570	7.2	5	3.500
6.2	5	0.860	7.4	5	3.950
6.4	5	1.260	7.6	5	4.280
6.6	5	1.780	7.8	5	4.520
6.8	5	2.365	8.0	5	4.680

9. 巴比妥钠-盐酸缓冲液(18℃)

巴比妥钠分子量=206.18,0.04M 溶液为 8.25g/L。

pH	0.04M 巴比妥钠/mL	0.2M 盐酸/mL	pH	0.04M 巴比妥钠/mL	0.2M 盐酸/mL
6.8	100	18.4	8.4	100	5.21
7.0	100	17.8	8.6	100	3.82
7.2	100	16.7	8.8	100	2.52
7.4	100	15.3	9.0	100	1.65
7.6	100	13.4	9.2	100	1.13
7.8	100	11.47	9.4	100	0.70
8.0	100	9.39	9.6	100	0.35
8.2	100	7.21	10.0		

10. Tris-盐酸缓冲液

50mL 0.1M 三羟甲基氨基甲烷(Tris)溶液于 XmL 0.1M 盐酸混匀后,加水稀释至 100mL。
三羟甲基氨基甲烷(Tris)分子量=121.14,0.1M 溶液为 12.114g/L。

pH	X	pH	X
7.1	45.7	8.1	26.2
7.2	44.7	8.2	22.9
7.3	43.4	8.3	19.9
7.4	42.0	8.4	17.2
7.5	40.3	8.5	14.7
7.6	38.5	8.6	12.4
7.7	36.6	8.7	10.3
7.8	34.5	8.8	8.5
7.9	32.0	8.9	7.0
8.0	29.2		

11. 硼酸-硼砂缓冲液

硼砂 $Na_2B_4O_7 \cdot 10H_2O$ 分子量=381.43,0.05M(=0.2M 硼酸根)溶液为 19.07g/L。
硼酸 H_3BO_3 分子量=61.84,0.2M 溶液为 12.37g/L,硼砂易失去结晶水,必须在带塞的瓶中保存。

pH	0.05M 硼砂/mL	0.2M 硼酸/mL	pH	0.05M 硼砂/mL	0.2M 硼酸/mL
7.4	1.0	9.0	8.2	3.5	6.5
7.6	1.5	8.5	8.4	4.5	5.5
7.8	2.0	8.0	8.7	6.0	4.0
8.0	3.0	7.0	9.0	8.0	2.0

12. 甘氨酸-氢氧化钠缓冲液(0.05M)

XmL 0.2M 甘氨酸＋YmL 0.2M 氢氧化钠,再加水稀释至 200mL。

甘氨酸分子量＝75.07,0.2M 甘氨酸溶液含 15.01g/L。

pH	X	Y	pH	X	Y
8.6	50	4.0	9.6	50	22.4
8.8	50	6.0	9.8	50	27.2
9.0	50	8.8	10.0	50	32.0
9.2	50	12.0	10.4	50	38.6
9.4	50	16.8	10.6	50	45.5

13. 硼砂-氢氧化钠缓冲液

XmL 0.05M 硼砂＋YmL 0.2M 氢氧化钠,再加水稀释至 200mL。

硼砂 $Na_2B_4O_7 \cdot 10H_2O$ 分子量＝381.43,0.05M(＝0.2M 硼酸根)溶液为 19.07g/L。

pH	X	Y	pH	X	Y
9.3	50	6.0	9.8	50	34.0
9.4	50	11.0	10.0	50	43.0
9.6	50	23.0	10.1	50	46.0

14. 碳酸钠-碳酸氢钠缓冲液(0.1M)

Ca^{2+}、Mg^{2+} 存在时不得使用。

$Na_2CO_3 \cdot 10H_2O$ 分子量＝286.2,0.1M 溶液为 28.62g/L。

$NaHCO_3$ 分子量＝84.0,0.1M 溶液为 8.40g/L。

pH		0.1M 碳酸钠/mL	0.1M 碳酸氢钠/mL
20℃	37℃		
9.16	8.77	1	9
9.40	9.12	2	8
9.51	9.40	3	7
9.78	9.50	4	6
9.90	9.72	5	5
10.14	9.90	6	4
10.28	10.08	7	3
10.53	10.28	8	2
10.83	10.57	9	1

附录Ⅳ 常用培养基配制

一、果蝇实验常用培养基

果蝇在水果摊或果园常可见到,它以生长在水果上的酵母菌为食。故凡可发酵的基质,均可作为果蝇饲料。目前实验室常用的果蝇培养基配方,如下:

1. 玉米粉培养基

A:糖 6.2g,琼脂 0.62g,水 38mL,煮沸溶解;

B:玉米粉 8.25g,水 38mL。

A、B混合加热煮沸成糊状,待稍降温后加入 0.5mL 丙酸以防腐,搅拌均匀后,加入一调羹酵母菌液,即可分装到培养瓶中。

2. 米粉培养基

琼脂 0.9~2.5g 加入 100mL 水中,加热煮沸溶解;再加红糖 10g,等溶解后,将 8g 米粉(或麸皮)调成糊状倒入,不断搅拌煮沸数分钟,待稍降温后加入 0.5mL 丙酸以防腐,搅拌均匀后,加入一调羹酵母菌液,即可分装使用。

3. 香蕉培养基

将熟透的香蕉捣碎,制成香蕉浆(约 50g);将 1.5g 琼脂加到 48mL 水中煮沸,溶解后拌入香蕉浆,煮沸 3~5min,待稍降温后加入 0.5mL 丙酸以防腐,搅拌均匀后,加入一调羹酵母菌液,即可分装。

二、组织培养常用基本培养基

培养基成分	MS(1962)	White(1963)	B5(1966)	MT(1969)	Nitsch(1969)	N6(1974)
KCl		65				
$MgSO_4 \cdot 7H_2O$	370	720	250	370	185	185
$NaH_2PO_4 \cdot H_2O$		16.5	150			
$CaCl_2 \cdot 2H_2O$	440		150	440		166
KNO_3	1900	80	2500	1900	950	2830
$CaCl_2$					166	
Na_2SO_4		200				
$(NH_4)_2SO_4$			134			463
NH_4NO_3	1650			1650	720	
KH_2PO_4	170			170	68	400
$Ca(NO_3)_2 \cdot 4H_2O$		300				
$FeSO_4 \cdot 7H_2O$	27.8		27.8	27.8	27.8	27.8
Na_2-EDTA	37.3		37.3	37.3	37.3	37.3

续表

培养基成分	MS(1962)	White(1963)	B5(1966)	MT(1969)	Nitsch(1969)	N6(1974)
$MnSO_4 \cdot 4H_2O$	22.3	4.5	10	22.3	25	4.4
$MnSO_4 \cdot H_2O$						
KI	0.83	0.75	0.75	0.83		0.8
$CoCl_2 \cdot 6H_2O$	0.025		0.025	0.025		
$ZnSO_4 \cdot 7H_2O$	8.6	3	2	8.6	10	1.5
$CuSO_4 \cdot 5H_2O$	0.025	0.001	0.025	0.025	0.025	
H_3BO_3	6.2	1.5	3	6.2	10	1.6
$Na_2MoO_4 \cdot 2H_2O$	0.25	0.0025	0.25		0.25	
$Fe_2(SO_4)_3$		2.5				
肌醇	100	100	100	100	100	
烟酸	0.5	1.5	1	0.5	5	0.5
盐酸硫胺素	0.1	0.1	10		0.5	1
盐酸吡哆醇	0.5	0.1	1	0.5	0.5	0.5
甘氨酸	2	3		2	2	2

注：单位 mg/L

在实验中常用的培养基,可将其中的各种成分配成10倍、100倍的母液,放入冰箱中保存,用时按比例稀释。

(1)大量元素混合母液:指浓度大于0.5mmol/L的元素,即含N、P、K、Ca、Mg、S等六种盐类的混合溶液,可配成10倍母液,用时每配1000mL取100mL母液,配时要注意以下几点:a.各化合物必须充分溶解后才能混合。b.混合时注意先后顺序,特别要将钙离子与硫酸根离子错开,以免产生硫酸钙、磷酸钙等不溶性化合物沉淀。c.混合时要慢,边搅拌边混合。

(2)微量元素混合母液:指小于0.5mmol/L的元素即含除Fe以外的B、Mn、Cu、Zn、Mo、Cl等盐类的混合溶液,因含量低,一般配成100倍甚至1000倍,用时每配1000mL取10mL或1mL。配时也要注意顺次溶解后再混合,以免产生沉淀。

(3)铁盐母液:铁盐必须单独配制,若同其他无机元素混合配成母液,易造成沉淀。配法是将5.57g $FeSO_4 \cdot 7H_2O$ 水溶液缓慢加入7.45g Na_2-EDTA微沸水溶液中,并不断搅拌,最后定容到1000mL,用时每配1000mL培养基取5mL。

(4)有机化合物母液:主要是维生素和氨基酸类物质,这些物质不能配成混合母液,一定要分别配成单独的母液,其浓度有每毫升含0.1mg、1.0mg、10mg化合物,用时根据所需浓度适当取用。

(5)植物激素:每种激素必须单独配制成母液,浓度为每毫升含0.1mg、0.5mg、1.0mg激素,激素浓度的表示方法有两种,一种是ppm(或每升中毫克数),另一种是mol,用时根据需要取用。由于多数激素难溶于水,它们的配法如下:

①IAA、IBA、GA3先溶于少量95%酒精,再加水定容到一定浓度。
②NAA可溶于热水或少量95%酒精中,再加水定容到一定浓度。
③2,4-D不溶于水,可用1mol NaOH溶解后,再加水定容至一定浓度。
④KIN和BA先溶于少量1mol HCl中,再加水定容。
⑤玉米素先溶于少量95%酒精中,再加水至一定浓度。

三、微生物实验常用培养基及试剂配制

1. 基本培养基（固体）

称取 2g 葡萄糖、2g 琼脂加入 100mL 蒸馏水，调 pH 至 7.0，在 8lb/in2 下灭菌 30min。

2. 基本培养基（液体）

称取 2g 葡萄糖，加 100mL 蒸馏水，调 pH 至 7.0，在 8lb/in2 下灭菌 30min。

3. 无 N 基本培养基（液体）

称取 0.7g K_2HPO_4、0.3g KH_2PO_4、0.5g 柠檬酸钠·$3H_2O$、0.01g $MgSO_4$·$7H_2O$、2g 葡萄糖，加 100mL 蒸馏水，调 pH 至 7.0，在 8lb/in2 下灭菌 30min。

4. 2N 基本培养基（液体）

称取 0.7g K_2HPO_4、0.3g KH_2PO_4、0.5g 柠檬酸钠（$3H_2O$）、0.01g $MgSO_4$·$7H_2O$、0.2g $(NH_4)_2SO_4$、2g 葡萄糖，加 100mL 蒸馏水，调 pH 至 7.0，在 8lb/in2 下灭菌 30min（高渗青霉素法所用 2N 基本培养液需再加 20% 蔗糖和 0.2% $MgSO_4$·$7H_2O$）。

5. 肉汤培养基（液体）

称取 0.5g 牛肉膏、1g 蛋白胨、0.5g NaCl，加 100mL 蒸馏水，调 pH 至 7.2，在 15lb/in2 下灭菌 15min。

6. 2E 肉汤培养基（液体）

称取 0.5g 牛肉膏、1g 蛋白胨、0.5g NaCl，加 50mL 蒸馏水，调 pH 至 7.2，在 15lb/in2 下灭菌 15min。

以上培养基主要用于大肠杆菌培养（用于大肠杆菌诱变处理与营养缺陷型筛选）。

7. LB 培养基

组分浓度：1%（W/V）Tryptone，0.5%（W/V）Yeast Extract，1%（W/V）NaCl。

配制量：1L。

配制方法：

（1）称量下列试剂，置于 1L 烧杯中。

Tryptone	10g
Yeast Extract	5g
NaCl	10g

（2）加入约 800mL 的去离子水，充分搅拌溶解。

（3）滴加 5M NaOH（约 0.2mL），调节 pH 至 7.0。

（4）高温高压灭菌后，4℃保存。

8. LB/Amp 培养基

配制方法：于 1L LB 培养基中加入 1mL Ampicillin（100mg/mL），均匀混合后 4℃保存。

9. TB 培养基

组分浓度：1.2%（W/V）Tryptone、2.4%（W/V）Yeast Extract、0.4%（V/V）Glycerol、17mM KH_2PO_4、72mM K_2HPO_4。

配制量：1L。

配制方法：

（1）配制磷酸盐缓冲液（0.17M KH_2PO_4、0.72M K_2HPO_4）100mL。

（2）称取下列试剂，置于 1L 烧杯中。

Tryptone	12g
Yeast Extract	24g
Glycerol	4mL

（3）加入约 800mL 的去离子水，充分搅拌溶解。

(4)加去离子水将培养基定容至1L后,高温高压灭菌。

(5)待溶液冷却至60℃以下时,加入100mL的上述灭菌磷酸盐缓冲液,4℃保存。

10. TB/Amp 培养基

配制方法:于1L TB培养基中加入1mL Ampicillin(100mg/mL),均匀混合后4℃保存。

11. SOB 培养基

组分浓度:2%(W/V) Tryptone、0.5%(W/V) Yeast Extract、0.05%(W/V) NaCl、2.5mM KCl、10mM $MgCl_2$。

配制量:1L。

配制方法:

(1)配制250mM KCl溶液。在90mL的去离子水中溶解1.86g KCl后,定容至100mL。

(2)配制2M $MgCl_2$ 溶液。在90mL的去离子水中溶解19g $MgCl_2$ 后,定容至100mL,高温高压灭菌。

(3)称取下列试剂,置于1L烧杯中。

Tryptone	20g
Yeast Extract	5g
NaCl	0.5g

(4)加入约800mL的去离子水,充分搅拌溶解。

(5)量取10mL 250mM KCl溶液,加入到烧杯中。

(6)滴加5N NaOH溶液(约0.2mL),调节pH至7.0。

(7)加入去离子水将培养基定容至1L。

(8)高温高压灭菌后,4℃保存。

(9)使用前加入5mL灭菌的2M $MgCl_2$ 溶液。

12. SOC 培养基

组分浓度:2%(W/V) Tryptone、0.5%(W/V) Yeast Extract、0.05%(W/V) NaCl、2.5mM KCl、10mM $MgCl_2$、20mM 葡萄糖。

配制量:100mL。

配制方法:

(1)配制1M葡萄糖溶液。将18g葡萄糖溶于90mL去离子水中,充分溶解后定容至100mL,用0.22μm滤膜过滤除菌。

(2)向100mL SOB培养基中加入除菌的1M葡萄糖溶液2mL,均匀混合。4℃保存。

13. 一般固体培养基

配制方法:

(1)按照液体培养基配方准备好液体培养基,在高温高压灭菌前,加入下列试剂中的一种。

Agar(琼脂:铺制平板用)	15g/L
Agar(琼脂:配制顶层琼脂用)	7g/L
Agarose(琼脂糖:铺制平板用)	15g/L
Agarose(琼脂糖:配制顶层琼脂用)	7g/L

(2)高温高压灭菌后,戴上手套取出培养基,摇动容器使琼脂或琼脂糖充分混匀(此时培养基温度很高,小心烫伤)。

(3)待培养基冷却至50℃～60℃时,加入热不稳定物质(如抗生素),摇动容器充分混匀。

(4)铺制平板(30～35mL培养基/90mm培养皿)。

附录Ⅴ 分子遗传学实验常用试剂的配制

1. 3M 醋酸钠

组分浓度:3M 醋酸钠(pH5.2)。
配制量:100mL。
配制方法:
(1)称取 40.8g NaOAc·3H_2O 置于 100～200mL 烧杯中,加入约 40mL 的去离子水搅拌溶解。
(2)加入冰乙酸调节 pH 至 5.2。
(3)加入去离子水将溶液定容至 100mL。
(4)高温高压灭菌后,室温保存。

2. Tris-HCl 平衡苯酚

(1)使用原料:大多数市售液化苯酚是清亮无色的,无需重蒸馏便可用于分子生物学实验。但有些液化苯酚呈粉红色或黄色,应避免使用。同时也应避免使用结晶苯酚,结晶苯酚必须在 160℃对其进行重蒸馏除去诸如醌等氧化产物,这些氧化产物可引起磷酸二酯键的断裂或导致 RNA 和 DNA 的交联等。因此,苯酚的质量对 DNA、RNA 的提取极为重要,我们推荐使用高质量的苯酚进行分子生物学实验。

(2)操作注意:苯酚腐蚀性极强,并可引起严重灼伤,操作时应戴手套及防护镜等。所有操作均应在通风橱中进行,与苯酚接触过的皮肤部位应用大量水清洗,并用肥皂和水洗涤,忌用乙醇。

(3)苯酚平衡:因为在酸性条件下 DNA 分配于有机相,因此使用苯酚前必须对苯酚进行平衡使其 pH 达到 7.8 以上,苯酚平衡操作方法如下:

①液化苯酚应贮存于-20℃,此时的苯酚呈现结晶状态。从冰柜中取出的苯酚首先在室温下放置使其达到室温,然后在 68℃水浴中使苯酚充分溶解。

②加入羟基喹啉(8-Quinolinol)至终浓度 0.1%。该化合物是一种还原剂、RNA 酶的不完全抑制剂及金属离子的弱螯合剂,同时因其呈黄色。有助于方便识别有机相。

③加入等体积的 1M Tris-HCl(pH8.0),使用磁力搅拌器搅拌 15min,静置使其充分分层后,除去上层水相。

④重复操作步骤③。

⑤加入等体积的 0.1M Tris-HCl(pH8.0),使用磁力搅拌器搅拌 15min,静置使其充分分层后,除去上层水相。

⑥重复操作步骤⑤,稍微残留部分上层水相。

⑦使用 pH 试纸确认有机相的 pH 大于 7.8。

⑧将苯酚置于棕色玻璃瓶中 4℃避光保存。

3. 苯酚/氯仿/异戊醇

(1)说明:从核酸样品中除去蛋白质时常常使用苯酚/氯仿/异戊醇(25∶24∶1)。氯仿可使蛋白质变性并有助于液相与有机相的分离,而异戊醇则有助于消除抽提过程中出现的气泡。

(2)配制方法:将 Tris-HCl 平衡苯酚与等体积的氯仿/异戊醇(24∶1)均匀混合后,移入棕色玻璃瓶中 4℃保存。

4. 10%(W/V)SDS

组分浓度:10%(W/V)SDS。

配制量:100mL。

配制方法:

(1)称量 10g 高纯度的 SDS 置于 100～200mL 烧杯中,加入约 80mL 的去离子水,68℃加热溶解。

(2)滴加数滴浓盐酸调节 pH 至 7.2。

(3)将溶液定容至 100mL 后,室温保存。

5. Solution Ⅰ

组分浓度:25 mM Tris-HCl(pH8.0)、10mM EDTA、50mM Glucose(质粒提取用)。

配制量:1L。

配制方法:

(1)量取下列溶液,置于 1L 烧杯中。

1M Tris-HCl(pH8.0)	25mL
0.5 M EDTA(pH8.0)	20mL
20%Glucose(1.11M)	45mL
dH$_2$O	910mL

(2)高温高压灭菌后,4℃保存。

(3)使用前每 50mL 的 Solution Ⅰ中加入 2mL 的 RNase A(20mg/mL)。

6. Solution Ⅱ

组分浓度:250mM NaOH、1%(W/V)SDS(质粒提取用)。

10%SDS	50mL
2M NaOH	50mL

配制量:500mL。

配制方法:

(1)量取下列溶液置于 500mL 烧杯中。

(2)加灭菌水定容至 500mL,充分混匀。

(3)室温保存。此溶液保存时间最好不要超过一个月。

注意:SDS 易产生气泡,不要剧烈搅拌。

7. Solution Ⅲ

组分浓度:3M KOAc,5M CH$_3$COOH(质粒提取用)。

配制量:500mL。

配制方法:

(1)量取下列溶液置于 500mL 烧杯中。

KOAc	147g
CH_3COOH	57.5mL

(2)加入 300mL 去离子水后搅拌溶解。
(3)加去离子水将溶液定容至 500mL。
(4)高温高压灭菌后,4℃保存。

8. DTT

组分浓度:1M。
配制量:20mL。
配制方法:
(1)称取 3.09g DTT,加入 50mL 塑料离心管内。
(2)加 20mL 的 0.01 MNaOAc(pH5.2),溶解后使用 0.22μm 滤器过滤除菌。
(3)适量分成小份后,-20℃保存。

9. Ampicillin(氨苄青霉素)

组分浓度:100mg/mL Ampicillin。
配制量:50mL。
配制方法:
(1)称量 5g Ampicillin 置于 50mL 离心管中。
(2)加入 40mL 灭菌水,充分混合溶解后,定容至 50mL。
(3)用 0.22μm 滤膜过滤除菌。
(4)小份分装(1mL/份)后,-20℃保存。

10. IPTG(异丙基-β-D-硫代半乳糖苷)

组分浓度:24mg/mL IPTG
配制量:50mL
配制方法:
(1)称量 1.2g IPTG 置于 50mL 离心管中。
(2)加入 40mL 灭菌水,充分混合溶解后,定容至 50mL。
(3)用 0.22μm 滤膜过滤除菌。
(4)小份分装(1mL/份)后,-20℃保存。

11. X-Gal

组分浓度:20mg/mL X-Gal。
配制量:50mL。
配制方法:
(1)称取 1g X-Gal 置于 50mL 离心管中。
(2)加入 40mL DMF(二甲基甲酰胺),充分混合溶解后,定容至 50mL。
(3)小份分装(1mL/份)后,-20℃保存。

12.1M Tris-HCl

组分浓度:1M Tris-HCl(pH 7.4、pH 7.6、pH 8.0)。

配制量:1L。

配制方法:

(1)称量121.1g Tris 置于1L 烧杯中。

(2)加入约800mL 的去离子水,充分搅拌溶解。

(3)按下表量加入浓盐酸调节所需要的 pH。

pH	浓盐酸
7.4	约70mL
7.6	约60mL
8.0	约42mL

(4)将溶液定容至1L。

(5)高温高压灭菌后,室温保存。

注意:应使溶液冷却至室温后再调定 pH,因为 Tris 溶液的 pH 随温度的变化差很大,温度每升高1℃,溶液的 pH 大约降低0.03个单位。

13. 10×TE Buffer

组分浓度:100 mM Tris-HCl,10 mM EDTA(pH 7.4、pH 7.6、pH 8.0)。

配制量:1L。

配制方法:

(1)量取下列溶液,置于1L 烧杯中。

1M	Tris-HCl Buffer(pH7.4、pH7.6、pH8.0)	100mL
500mM	EDTA(pH8.0)	20mL

(2)向烧杯中加入约800mL 的去离子水,均匀混合。

(3)将溶液定容至1L 后,高温高压灭菌,室温保存。

14. 0.5M EDTA

组分浓度:0.5M EDTA(pH8.0)。

配制量:1L。

配制方法:

(1)称取186.1g Na_2EDTA·$2H_2O$,置于1L 烧杯中。

(2)加入约800mL 的去离子水,充分搅拌。

(3)用 NaOH 调节 pH 至8.0(约20g NaOH)。

注意:pH 至8.0时,EDTA 才能完全溶解。

(4)加去离子水将溶液定容至1L。

(5)适量分成小份后,高温高压灭菌,室温保存。

附录Ⅵ 核酸电泳常用试剂及缓冲液

1. 50×TAE Buffer(pH 8.5)

组分浓度：2M Tris-醋酸、100 mM EDTA。

配制量：1L。

配制方法：

(1)称量下列试剂，置于1L烧杯中。

Tris	242g
$Na_2 EDTA \cdot 2H_2O$	37.2g

(2)向烧杯中加入约800mL的去离子水，充分搅拌溶解。

(3)加入57.1mL的乙酸，充分搅拌。

(4)加去离子水将溶液定容至1L后，室温保存。

2. 10×TBE Buffer(pH 8.3)

组分浓度：890mM Tris-硼酸，20mM EDTA。

配制量：1L。

配制方法：

(1)称量下列试剂，置于1L烧杯中。

Tris	108g
$Na_2 EDTA \cdot 2H_2O$	7.44g
硼酸	55g

(2)向烧杯中加入约800mL的去离子水，充分搅拌溶解。

(3)加去离子水将溶液定容至1L后，室温保存。

3. EB(溴化乙啶)

组分浓度：10mg/mL。

配制量：100mL。

配制方法：

(1)称量1g溴化乙啶，加入100mL容器中。

(2)加入去离子水100mL，充分搅拌数小时完全溶解溴化乙啶。

(3)将溶液转移至棕色瓶中，室温避光保存。

(4)溴化乙啶的工作浓度为0.5g/mL。

注意：溴化乙啶是一种致癌物质，必须小心操作。

4. 6×Loading Buffer(DNA 电泳用)

组分浓度:30mM EDTA、36%(V/V)Glycerol、0.05%(W/V)Xylene Cyanol FF、0.05%(W/V)Bromophenol Blue。

配制量:500mL

配制方法:

(1)称量下列试剂,置于 500mL 烧杯中。

EDTA	4.4g
Bromophenol Blue	250mg
Xylene Cyanol FF	250mg

(2)向烧杯中加入约 200mL 的去离子水后,加热搅拌充分溶解。

(3)加入 180mL 的甘油(Glycerol)后,使用 2M NaOH 调节 pH 至 7.0。

(4)用去离子水定容至 500mL 后,室温保存。

5. 10×Loading Buffer(RNA 电泳用)

组分浓度:10mM EDTA、50%(V/V)Glycerol、0.25%(W/V)Xylene Cyanol FF、0.25%(W/V)Bromophenol Blue。

配制量:10mL。

配制方法:

(1)称量下列试剂,置于 10mL 离心管中。

0.5M EDTA(pH8.0)	200μL
Bromophenol Blue	25mg
Xylene Cyanol FF	25mg

(2)向离心管中加入约 4mL 的 DEPC 处理水后,充分搅拌溶解。

(3)加入 5mL 的甘油(Glycerol)后,充分混匀。

(4)用 DEPC 处理水定容至 10mL 后,室温保存。

附录Ⅶ 蛋白质电泳相关试剂及缓冲液

1. 30%(W/V)丙烯酰胺溶液

将29g丙烯酰胺和1g N,N'-亚甲双丙烯酰胺溶于总体积为60mL的去离子水中。加热至37℃溶解之,定容至终体积为100mL。用Nalgene滤器(0.45μm孔径)过滤除菌,查证该溶液的pH应不大于7.0,置棕色瓶中保存于4℃冰箱中。

注意:丙烯酰胺具有很强的神经毒性并可以通过皮肤吸收,其作用具累积性。称量丙烯酰胺和亚甲双丙烯酰胺时应戴手套和面具。

2. 10%(W/V)过硫酸铵

称取0.1g过硫酸铵,加入1mL的去离子水,将固体粉末彻底溶解,贮存于4℃。

注意:10%过硫酸铵最好现配现用,配好的溶液在4℃保存可使用2周左右,过期会失去催化效果。

3. 5×Tris-Glycine电泳缓冲液(1L)

称取Tris粉末15.1g、Glycine(甘氨酸)94g、SDS 5.0g,加入约800mL的去离子水,搅拌溶解,加去离子水定容至1L,室温保存。

注意:加水时应让水沿着壁缓缓流下,以避免由于SDS的原因产生很多泡沫。

4. 5×SDS-PAGE Loading Buffer

方案一(5mL):

组分:Tris-HCl pH6.8(250mM)、SDS(10%)、溴酚蓝(0.5%)、甘油(50%)、β-巯基乙醇(5%)。

配制过程:

(1)量取1M Tris-HCl(pH6.8)1.25mL、甘油2.5mL,称取SDS固体粉末0.5g、溴酚蓝25mg。

(2)加入去离子水溶解后定容至5mL。

(3)小份(500μL)分装后,于室温保存。

(4)使用前将25μL的β-巯基乙醇加入每小份中去。

(5)加入β-巯基乙醇的上样Buffer可以在室温下保存一个月左右。

方案二(10mL):

组分:Tris-HCl pH6.8(60mM)、SDS(2%)、溴酚蓝(0.1%)、甘油(25%)、β-巯基乙醇(14.4mM)。

配制过程:

(1)量取1M Tris-HCl(pH6.8)0.6mL、50%的甘油5mL、10%的SDS溶液2mL、1%的溴酚蓝1mL。

(2)加入去离子水定容至10mL,分装。

(3)在4℃可保存数周,-20℃可保存数月之久。

附录Ⅷ　FISH相关溶液的配制

1. 20×SSC：175.3g NaCl、882g 柠檬酸钠，加水至 1000mL（用 10mol/L NaOH 调 pH 至 7.0）。

2. 去离子甲酰胺（DF）：将 10g 混合床离子交换树脂加入 100mL 甲酰胺中。电磁搅拌 30min，用 Whatman 1 号滤纸过滤。

3. 体积分数 70% 甲酰胺/2×SSC：35mL 甲酰胺、5mL 20×SSC、10mL 水。

4. 体积分数 50% 甲酰胺/2×SSC：100mL 甲酰胺、20mL 20×SSC、80mL 水。

5. 体积分数 50% 硫酸葡聚糖（DS）：65℃ 水浴中融化，4℃ 或 -20℃ 保存。

6. 杂交液：8μL 体积分数 25%DS、20μL 20×SSC 混合。（或 40μL 体积分数 50%DS、20μL 20×SSC、40μL ddH$_2$O 混合）取上述混合液 50μL 与 5μL DF 混合即成。其终浓度为体积分数 10% DS 2×SSC、体积分数 50% DF。

7. PI/antifade 溶液

PI 原液：先以双蒸水配制溶液，浓度为 100μg/mL，取出 1mL，加 39mL 双蒸水，使终浓度为 2.5μg/mL。

antifade 原液：以 PBS 缓冲液配制该溶液，使其浓度为 10mg/mL，用 0.5mmol/L 的 NaHCO$_3$ 调 pH 为 8.0。取上述溶液 1mL，加 9mL 甘油，混匀。

PI/antifade 溶液：PI 与 antifade 原液按体积比 1:9 比例充分混匀，-20℃ 保存备用。

8. DAPI/antifade 溶液：用去离子水配制 1mL/mg DAPI 储存液，按体积比 1:300 充分混匀，以 antifade 溶液稀释成工作液。

9. 封闭液 I：体积分数 5% BSA 3mL、20×SSC 1mL、dd H$_2$O 1mL、Tween 20 5μL 混合。

10. 封闭液 II：体积分数 5% BSA 3mL、20×SSC 1mL、goat serum 250μL、dd H$_2$O 750μL、Tween 20 5μL 混合。

11. 荧光检测试剂稀释液：体积分数 5% BSA 1mL、20×SSC 1mL、dd H$_2$O 3mL、Tween 20 5μL 混合。

12. 洗脱液：100mL 20×SSC，加水于 500mL、加 Tween20 500μL。

13. TE 缓冲液：

pH8.0：10mmol/L Tris-HCl、1mmol/L EDTA；

pH7.6：10mmol/L Tris-HCl、1mmol/L EDTA；

pH7.4：10mmol/L Tris-HCl、1mmol/L EDTA。

14. 溶液 I：25mmol/L Tris HCl（pH 7.4）、10mmol/L EDTA。

15. 溶液 II：10% SDS、0.2M NaOH。

16. 溶液 III：KAc 14.7g、HAc 5.8mL 加水至 50mL。

17. LB 培养基：胰化蛋白胨 10g，酵母提取物 5g，NaCl 10g，加水至 1000mL，用 5mmol/L NaOH 调 pH 至 7.0。

附录Ⅸ 探针的生物素标记

探针的标记可采用 PCR 或缺口平移法来制备,但多数情况下采用缺口平移法来制备。该过程首先是 DNase Ⅰ 在 DNA 双链上作用产生缺口,然后大肠杆菌聚合酶 Ⅰ 自缺口处进行修补合成。在修补合成互补链时将生物素标记的 d-NTP 掺入,从而复制出带有生物素标记的探针。本实验采用缺口平移法,按 GIBCO 公司提供的方法以 biotin-14-dATP 标记探针。标记好的探针可以在 $-20℃$ 下长期保存。

总反应体积 $50\mu L$、DNA $1\mu g$、$10\times$dNTP $5\mu L$、$10\times$Enzyme Mix $5\mu L$。

其中 $10\times$dNTP 为:500mmol/L Tris·HCl(pH 7.8)

      50mmol/L $MgCl_2$

      100mmol/L β-巯基乙醇

      $100\mu g/mL$ 去除核酸酶的牛血清白蛋白

      0.2mmol/L dCTP、0.2mmol/L dGTP、0.2mmol/L dTTP

      0.1mmol/L dATP、0.1mmol/L biotin-14-dATP

$10\times$酶混合为:$0.5U/\mu L$ DNA 聚合酶 Ⅰ

     $0.075U/\mu L$ DNase Ⅰ

     50mmol/L Tris·HCl(pH 7.5)

     5mmol/L 醋酸镁

     1mmol/L β-巯基乙醇

     0.1mmol/L 苯甲基磺酰氟

     体积分数 50% 甘油

     $100\mu g/mL$ 牛血清白蛋白

将上述混合液于 16℃ 作用 1h。用 8.0g/L 琼脂糖/TBE 缓冲液凝胶电泳检测标记产物。以 DNA 片段长 300~500bp 为宜。如片段较大,则应加适量 DNase Ⅰ 继续酶切,直至 DNA 片段长度适中后,加 $5\mu L$ 终止缓冲液(300mmol/L EDTA)终止反应。用乙醇沉淀的方法将探针与非掺入的核苷酸分开。

附录 X 卡方分布临界值表

n'	P												
	0.995	0.99	0.975	0.95	0.90	0.75	0.50	0.25	0.10	0.05	0.025	0.01	0.005
1	...	...	...	...	0.02	0.10	0.45	1.32	2.71	3.84	5.02	6.63	7.88
2	0.01	0.02	0.02	0.10	0.21	0.58	1.39	2.77	4.61	5.99	7.38	9.21	10.60
3	0.07	0.11	0.22	0.35	0.58	1.21	2.37	4.11	6.25	7.81	9.35	11.34	12.84
4	0.21	0.30	0.48	0.71	1.06	1.92	3.36	5.39	7.78	9.49	11.14	13.28	14.86
5	0.41	0.55	0.83	1.15	1.61	2.67	4.35	6.63	9.24	11.07	12.83	15.09	16.75
6	0.68	0.87	1.24	1.64	2.20	3.45	5.35	7.84	10.64	12.59	14.45	16.81	18.55
7	0.99	1.24	1.69	2.17	2.83	4.25	6.35	9.04	12.02	14.07	16.01	18.48	20.28
8	1.34	1.65	2.18	2.73	3.40	5.07	7.34	10.22	13.36	15.51	17.53	20.09	21.96
9	1.73	2.09	2.70	3.33	4.17	5.90	8.34	11.39	14.68	16.92	19.02	21.67	23.59
10	2.16	2.56	3.25	3.94	4.87	6.74	9.34	12.55	15.99	18.31	20.48	23.21	25.19
11	2.60	3.05	3.82	4.57	5.58	7.58	10.34	13.70	17.28	19.68	21.92	24.72	26.76
12	3.07	3.57	4.40	5.23	6.30	8.44	11.34	14.85	18.55	21.03	23.34	26.22	28.30
13	3.57	4.11	5.01	5.89	7.04	9.30	12.34	15.98	19.81	22.36	24.74	27.69	29.82
14	4.07	4.66	5.63	6.57	7.79	10.17	13.34	17.12	21.06	23.68	26.12	29.14	31.32
15	4.60	5.23	6.27	7.26	8.55	11.04	14.34	18.25	22.31	25.00	27.49	30.58	32.80
16	5.14	5.81	6.91	7.96	9.31	11.91	15.34	19.37	23.54	26.30	28.85	32.00	34.27
17	5.70	6.41	7.56	8.67	10.09	12.79	16.34	20.49	24.77	27.59	30.19	33.41	35.72
18	6.26	7.01	8.23	9.39	10.86	13.68	17.34	21.60	25.99	28.87	31.53	34.81	37.16
19	6.84	7.63	8.91	10.12	11.65	14.56	18.34	22.72	27.20	30.14	32.85	36.19	38.58
20	7.43	8.26	9.59	10.85	12.44	15.45	19.34	23.83	28.41	31.41	34.17	37.57	40.00
21	8.03	8.90	10.28	11.59	13.24	16.34	20.34	24.93	29.62	32.67	35.48	38.93	41.40
22	8.64	9.54	10.98	12.34	14.04	17.24	21.34	26.04	30.81	33.92	36.78	40.29	42.80
23	9.26	10.20	11.69	13.09	14.85	18.14	22.34	27.14	32.01	35.17	38.08	41.64	44.18
24	9.89	10.86	12.40	13.85	15.66	19.04	23.34	28.24	33.20	36.42	39.36	42.98	45.56

续表

n'	P												
	0.995	0.99	0.975	0.95	0.90	0.75	0.50	0.25	0.10	0.05	0.025	0.01	0.005
25	10.52	11.52	13.12	14.61	16.47	19.94	24.34	29.34	34.38	37.65	40.65	44.31	46.93
26	11.16	12.20	13.84	15.38	17.29	20.84	25.34	30.43	35.56	38.89	41.92	45.64	48.29
27	11.81	12.88	14.57	16.15	18.11	21.75	26.34	31.53	36.74	40.11	43.19	46.96	49.64
28	12.46	13.56	15.31	16.93	18.94	22.66	27.34	32.62	37.92	41.34	44.46	48.28	50.99
29	13.12	14.26	16.05	17.71	19.77	23.57	28.34	33.71	39.09	42.56	45.72	49.59	52.34
30	13.79	14.95	16.79	18.49	20.60	24.48	29.34	34.80	40.26	43.77	46.98	50.89	53.67
40	20.71	22.16	24.43	26.51	29.05	33.66	39.34	45.62	51.80	55.76	59.34	63.69	66.77
50	27.99	29.71	32.36	34.76	37.69	42.94	49.33	56.33	63.17	67.50	71.42	76.15	79.49
60	35.53	37.48	40.48	43.19	46.46	52.29	59.33	66.98	74.40	79.08	83.30	88.38	91.95
70	43.28	45.44	48.76	51.74	55.33	61.70	69.33	77.58	85.53	90.53	95.02	100.42	104.22
80	51.17	53.54	57.15	60.39	64.28	71.14	79.33	88.13	96.58	101.88	106.63	112.33	116.32
90	59.20	61.75	65.65	69.13	73.29	80.62	89.33	98.64	107.56	113.14	118.14	124.12	128.3
100	67.33	70.06	74.22	77.93	82.36	90.13	99.33	109.14	118.50	124.34	129.56	135.81	140.17

主要参考文献

1. 刘祖洞,江绍慧.遗传学实验(第二版)(高等学校教材).北京:高等教育出版社,1987.
2. 季道蕃.遗传学实验(全国高等农业院校教材).北京:中国农业出版社,1992.
3. 余毓君.遗传学实验技术.北京:中国农业出版社,1991.
4. 王子淑.人体及动物细胞遗传学实验技术.成都:四川大学出版社,1987.
5. 丁显平.现代临床分子与细胞遗传学技术.成都:四川大学出版社,2002.
6. 戴灼华,王亚馥,粟翼玟.遗传学(第二版).北京:高等教育出版社,2008.
7. 卢龙斗,常重杰,杜启艳等.遗传学实验技术.合肥:中国科学技术大学出版社,1996.
8. 朱军.遗传学(第三版).北京:中国农业出版社,2002.
9. 李懋学,张敩方.植物染色体研究技术.哈尔滨:东北林业大学出版社,1991.
10. 王焕丕,周述明.遗传学实验(修订版).四川农业大学印(自编教材),1993.
11. 明道绪.生物统计.北京:中国农业科技出版社,1998.
12. [日]根井外喜男.金连缘译.微生物保存法.上海:上海科学技术出版社,1982.
13. 郭学聪.遗传的三大基本规律.北京:北京师范大学出版社,1984.
14. 王建波,方呈祥,鄢慧民等.遗传学实验教程.武汉:武汉大学出版社,2004.
15. 乔守怡.遗传学分析实验教程.北京:高等教育出版社,2008.
16. 刘静,赵庆芳,丁兰.兰州百合多倍体的诱导及鉴定.北方园艺,2011(18):138~141.
17. 陈乐真,张杰.荧光原位杂交技术及其应用.细胞生物学杂志,1999,21(4):177~180.
18. 韩方普,何孟元,卜秀玲等.应用FISH技术鉴定一个小冰麦易位系.植物学报,1998,40(6):500~502.
19. [美]斯佩克特DL,戈德曼RD,莱因万德LA.黄培堂等译.细胞实验指南.北京:科学出版社,2001.
20. Eldon J G, Thomas R M, Robert L H. Genetics Laboratory Investigations. New Jersey:Prentice Hall. Upper saddle River,2001.
21. Leland H, Leroy H, Michael L G. Genetics. McGraw-Hill compaines,2000.
22. Lichter P, Gremer T, Borden J, et al. Delineation of individual human chromosomes in metaphase and interphase cells by in situ suppression hybridization using recombinant DNA libraries. Hum. Gene 1998,80:224~234.